サクッとわかる　ビジネス教養

ワインの経済学

渡辺順子　監修
ワインスペシャリスト

新星出版社

はじめに

ワインを知ることでもっとワインはおいしくなる！

紀元前６０００年頃にはすでに存在していたといわれるワインは、長い歴史の中で時代とともに存在を変え、人々の生活に密着してきました。

生まれた当時、ミネラルやビタミンがたっぷり含まれるワインは、生命に必要な栄養源や薬として重宝されました。特に狩猟民族の人々にとっては、体をアルカリ性に保ち寒さをしのぐ貴重な糧だったのです。やがてワインはエジプトへ渡り、洗練されたアルコール飲料となってエジプト・ギリシャ・ローマの財政を助ける産物として発展していきます。

そしてキリスト教の誕生によりワインの存在は大きく変わりました。イエスは水を上質なワインに変え、最後の晩餐では「ワインは私の血である」と有名な言葉を残したとされます。ワインは神聖な飲み物として世界に広がっていったのです。

ヨーロッパの王侯貴族の間ではワインを嗜むことがステータスシンボルとなりボルドーのシャトー「オー・ブリオン」は世界初のラグジュアリーブランドとして上流階級の人々から羨望される存在になりました。

現在、世界中でワインの取引が行われており、世界共通の飲み物であり言語であり、さらにはワインオークションやワイン投資など世界共通の通貨でもあります。１本のワインが不動産よりも高い価格で取引されることも多々あります。

そんなさまざまな顔を持つワインはビジネスシーンでは会話を円滑に進めるツールでもあります。

本書には政治、経済、外交とワインとの関連性、偽造ワインのからくり、数字で読み解くワインなど今まであまり触れられていないワインの側面も記述してあり、ビジネスツールとしても役立つワイン書になっています。

私はよくワイン会で「ワインは難しい」「ワインのことはよくわからない」という感想をいただきました。「ワインは楽しむもので考えるものではないですよ」とお答えしますが、でも少しワインの知識があるともっと興味がわき、もっと味わい深く楽しめることができるのではないかと思います。

さて私自身本書を読み返し改めてワインの奥深さを実感しました。もちろんワインを飲みながら読み進めたのですが、いつも飲むワインの味が今まで以上においしく感じ、いつも以上にワインの世界へ引き込まれました。どんなワインとも相性のよいマリアージュがあるとすれば、それはワインの本なのかもしれません。

渡辺順子

CONTENTS

Part1

CONTENTS

Part4

カンタンワイン講座

『「家飲み」で身につける　語れるワイン』（日本経済新聞出版）、『世界のビジネスエリートが身につける 教養としてのワイン』（ダイヤモンド社）、『高いワイン ――知っておくと一目置かれる 教養としての一流ワイン』（ダイヤモンド社）すべて渡辺順子著

staff

デザイン　中村タマヲ

イラスト　藤井昌子

企画　矢作美和（バブーン株式会社）

編集制作　矢作美和、大坪美輝、茂木理佳（バブーン株式会社）

※イラストのボトルなどはデザインを省略したり、デフォルメしたりしており、そのままではないものがあります。

※情報は2024年1月末現在のものです。

神秘の液体、ワインは古今東西、金のなる木だった

❶

エジプトから古代ギリシャで栄えたワイン貿易

国家的な一大産業としてワイン造りが行われ、海洋貿易を通じて地中海諸国に輸出されていた。

❷

ローマ軍の侵攻はワインロード

ローマ軍とともにフランスにワイン文化が伝播。遠征地のロワール、ボルドー、ブルゴーニュなどが後の銘醸地に。

❸

キリスト教との結びつきで発展

宗教儀式で使う神聖な酒（神の血）として発展。教会や修道院がワイン造りを行うように。

❹

王侯貴族に愛され高級ワインが生まれる

宮廷文化が花開くとワインは欠かせない存在となり、王族貴族の要望に応える高級ワインが登場した。

❺

フィロキセラをきっかけにワインは新世界へ

ぶどうの木を枯らす害虫が広まり、ヨーロッパのワイン産業はピンチに。チリやオーストラリアなど新天地の開拓が進む。

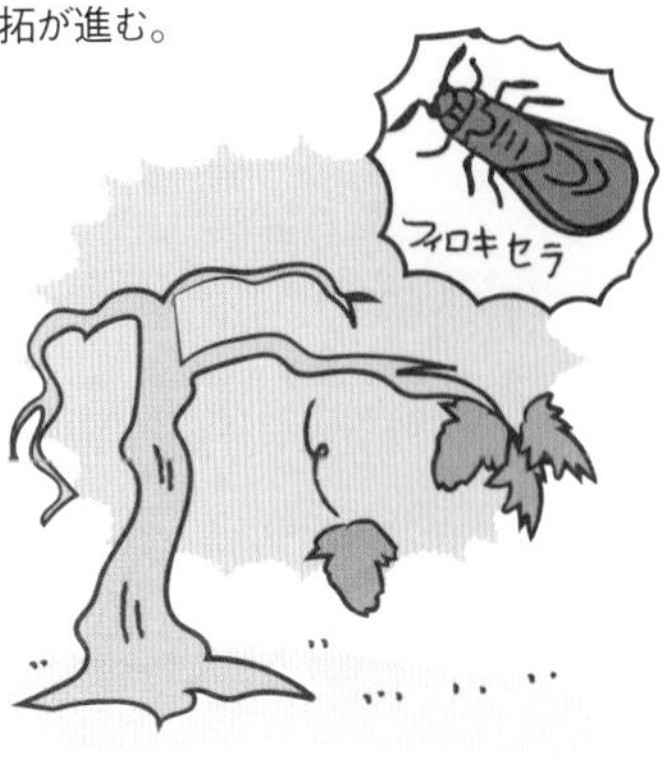

❻

禁酒法や第二次世界大戦を乗り越え、ワインビジネスが確立

数々の試練を乗り越えてワインビジネスはますます盛んに。品質を守るための法整備が各国で整えられた。

売れるからには理由がある！人気ワインに学ぶものを売るヒント

ワインを売る戦略6箇条

第1条 わかりやすく「価値」を創造せよ！

そのワインがいかに素晴らしいものなのか、それを大々的に宣伝するしくみが「格付け」。等級の高いところに格付けされれば価値が上がります。

第2条 希少性に人は群がる！

めったに巡り合えないことに人間は弱いもの。たとえば、本当に小さい区画の畑のぶどうで造られ、希少性が高いからこそロマネコンティは愛されます。

第3条 固定概念を捨てたところに金脈あり

「フランス系ぶどうをイタリアで栽培」、「ボルドーとカリフォルニアの生産者が手を結ぶ」など、今までの固定概念を覆すことで人気ワインが誕生！

第4条 信頼ある人のお墨付きが大切

世界でもっとも有名な鑑定家、ロバート・パーカーが100点を付けることで、そのワインの価値は一夜で急速に上がることが。お墨付きが大切です。

第5条 目先の儲けよりも品質重視

売れたからといって粗悪品を量産していたら、消費者はそのワインから離れていきます。しっかりとした品質のワインの生産者が最後は勝つのです。

第6条 均一よりもときに悪い年があるからよい年が際立つ

ワインはぶどうの味がそのまま出る酒。それゆえにぶどうの出来が悪い年のワインは少し下がりますが、それゆえによい年が際立つともいえます。

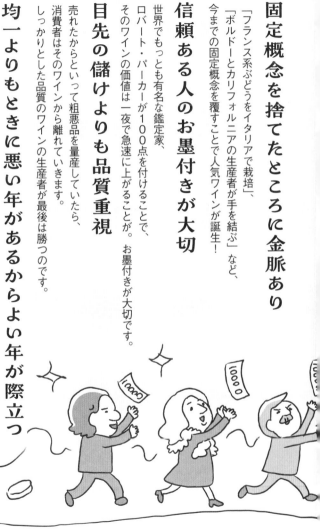

21世紀のワインの形は この３人の天才が作った！

ピノ・ノワールのすべてを知り尽くした男

アンリ・ジャイエ

Henri Jayer

もともとぶどう栽培者の家に生まれ、ピノ・ノワールのすべてを知り尽くしているといわれ、21世紀最高の醸造家とも。ブルゴーニュで神と呼ばれ、平均価格は１４０万円超え。

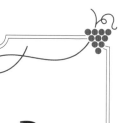

自然派にこだわり抜いた

マダム・ルロワ

Madame Leroy

マダム・ルロワことラルー・ビーズ・ルロワ女史。無農薬でのビオディナミ農法を用いて、ぶどう本来の素朴な味わいがあるワインに。

安価なワインを世に送り出す

アーネスト・ガロ

Ernest Gallo

E&J Galloの設立者。米国で禁酒法が撤回された後すぐ、ワイン会社を設立。安価なワイン造りに徹底し、巧みなマーケティング戦略により現在は世界一のワイン会社に。

どんどん生まれるワインビジネス
AIから宇宙まで

バーチャルにワインを味わうことに成功

　米国国立標準研究所ではワインテイスティングを任せる人工知能を開発。研究チームは３つのぶどう品種から作られた１７８のＤＡＴＡセットより１４８のワインを使用して、ＡＩの味覚をトレーニング。95・３％の精度でワインをバーチャル的に「味わう」ことに成功しました。いわば人工ソムリエの登場です。

　また、ＣｈａｔＧＰＴもワインの世界に進出。フランス・ラングドックのワイン起業家はＣｈａｔＧＰＴにブレンドやワイン造りに対してのアドバイスを求め、新しいワインをデザインしました。人間では思いつかないアイデアが生まれる可能性もあります。

　そのほか、イタリアのワイナリーがイタリア宇宙機関と共同で、ワインの発達における宇宙での低重力の影響を調べるため、ワインを宇宙に打ち上げ。宇宙で飲むためにデザインされたシャンパンなど、宇宙時代に対応するワインビジネスが生まれてきています。

Part 1

21世紀のワインビジネス

21世紀のワインビジネス①

ワインはずっとお金を生む商品

Topics

エジプトではワイン従事者は高給取り

古代エジプトのワイン製造技術は西アジアから伝わったもの。ツタンカーメン王の時代には白ワインも造られていました。

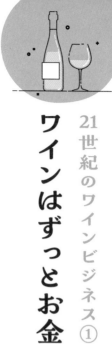

価格の幅広さが一番の経済パワー

古代エジプトのツタンカーメン王の墓から26個ものワインの壺が発見されたことをご存じでしょうか。ピラミッドを作る職人たちにワインが支給されていたという話もあり、古代エジプトでは思っている以上にワインは普及していました。

当然、ワインを醸造する仕事は人気職で報酬も高かったそうです。加えて近

Topics

ワインは
古代エジプトの壁画にも
製造のようすが描かれる

ギリシャなど地中海諸国に輸出されていたワインはその製造に王が関与していました。壁画にはさかんにワイン醸造の様子が描かれています。

隣諸国にワインは盛んに輸出されており、古代エジプト経済を支えていたとも。その後、ギリシャに伝わったワインは大量生産が可能になり、地中海沿岸に広がっていきます。

　そこから２５００年。ワインの産業規模は今や２００兆円を超すほど。そんなワインの経済的な魅力は、価格の幅がとてつもなく広いこと。コンビニの５００円ワインから、数千万円もする超高級ワインまで。日常的な飲みものでありながら投資対象としても大きな魅力を持ち、世界の金持ちが買いあさっています。

21世紀のワインビジネス②

ワインの価格が高騰する理由

ワイナリー
ワインが
できあがるまでの
コストは
安いワインと
何百万円もの
違いはない
出荷
そこまで高くない
(ロマネコンティ
1本 20万円くらい)
10年後
には…
熟成&転売
"1本1000万円"

出荷時の価格は それほど高くない

何百万円もするワインが話題にのぼることがありますが、実は、ワイナリー出荷時の価格は、高級ワインであってもそれほど高くありません。

人気ワインは、転売を繰り返されるうちに価格がどんどん高騰していき、プレミア品では、最終的に一千万円を超える超高額になることもあります。

ワインの価格を左右する揺れ

①ヴィンテージ

年によってぶどうの出来は異なり、味も違う

気候などによってぶどうの出来は変動するため、まったく同じになることはない。それがヴィンテージの差を生む。

②飲み頃

3 年後がピークのものもあるが、30 年後のものも

出荷後すぐに飲み頃を迎えるものもあれば、数年、数十年経ってピークを迎えるものも。価値が高まる時期が違う。

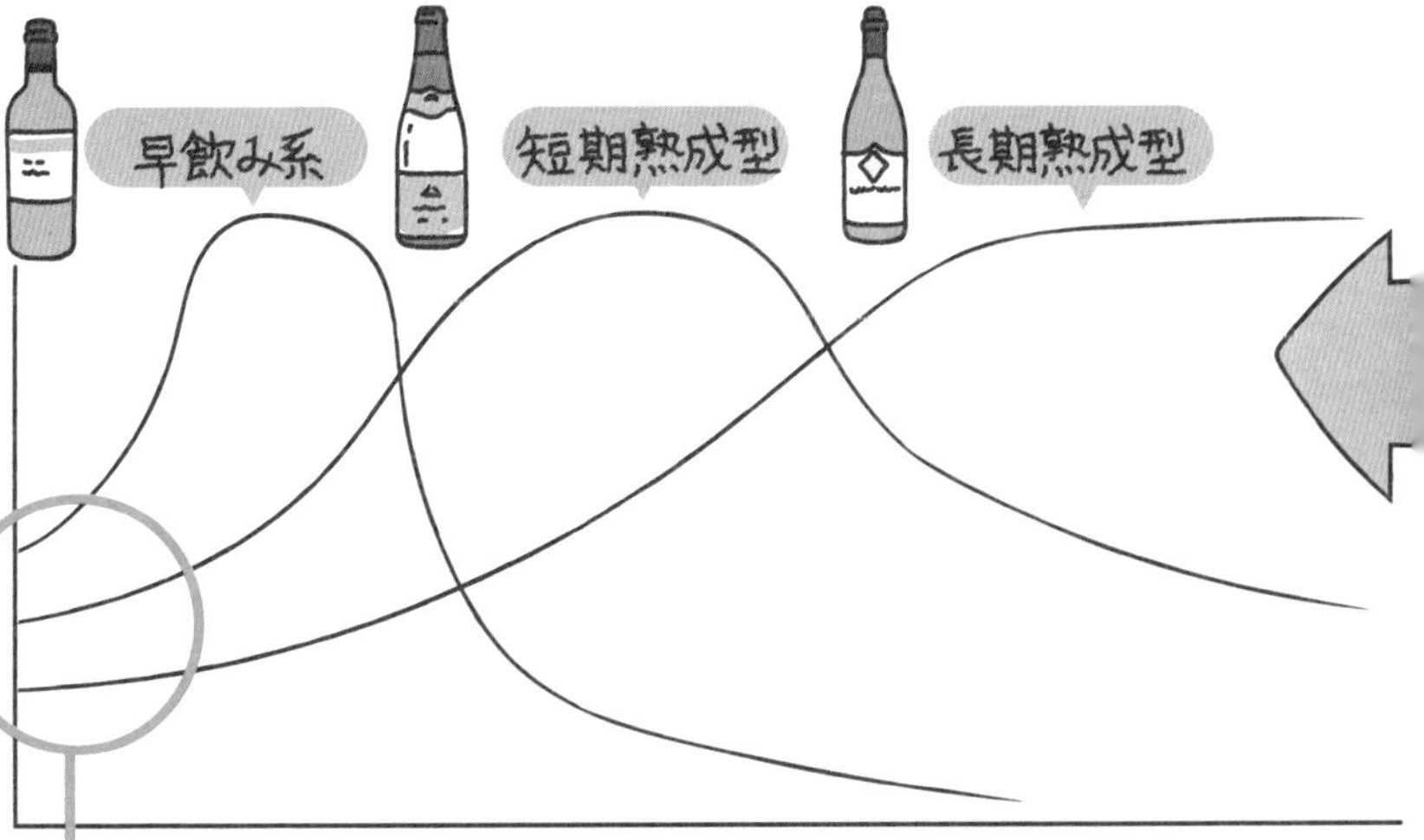

ヴィンテージにより出発点が異なる

同じ銘柄のワインでもヴィンテージによって性質が異なる。そこに熟成による変化も加わることで価値が変動する。

気候変動とヴィンテージ

ヴィンテージごとの差は、ぶどうの生育状態によって生まれるので、気象条件による影響は甚大です。

近年、地球規模の気候変動が話題になっていますが、ヨーロッパは影響が大きく、ヴィンテージによる揺れが大きくなっています。

一方、ナパや南米はヨーロッパに比べて気候が安定しており、差の出ない傾向にあります。

コラム

コンビニワインが500円で売ることができる理由

コストを徹底的に抑え低価格を実現

コンビニには1000円以下で買えるワインも並んでいます。それはどうしてでしょうか。

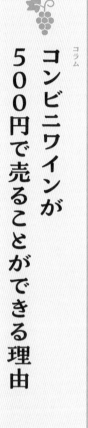

コンビニやスーパー向けの商品は、そもそもコストを抑えて造っているというのが最大の理由です。原料費や人件費を抑えるだけでなく、バルク（150リットル以上のタンク）で輸入し、国内で瓶詰めするものも。輸送費も安くする工夫をしているのです。

何より、薄利多売のビジネスモデルも大きな要素です。1本当たりの儲けは少

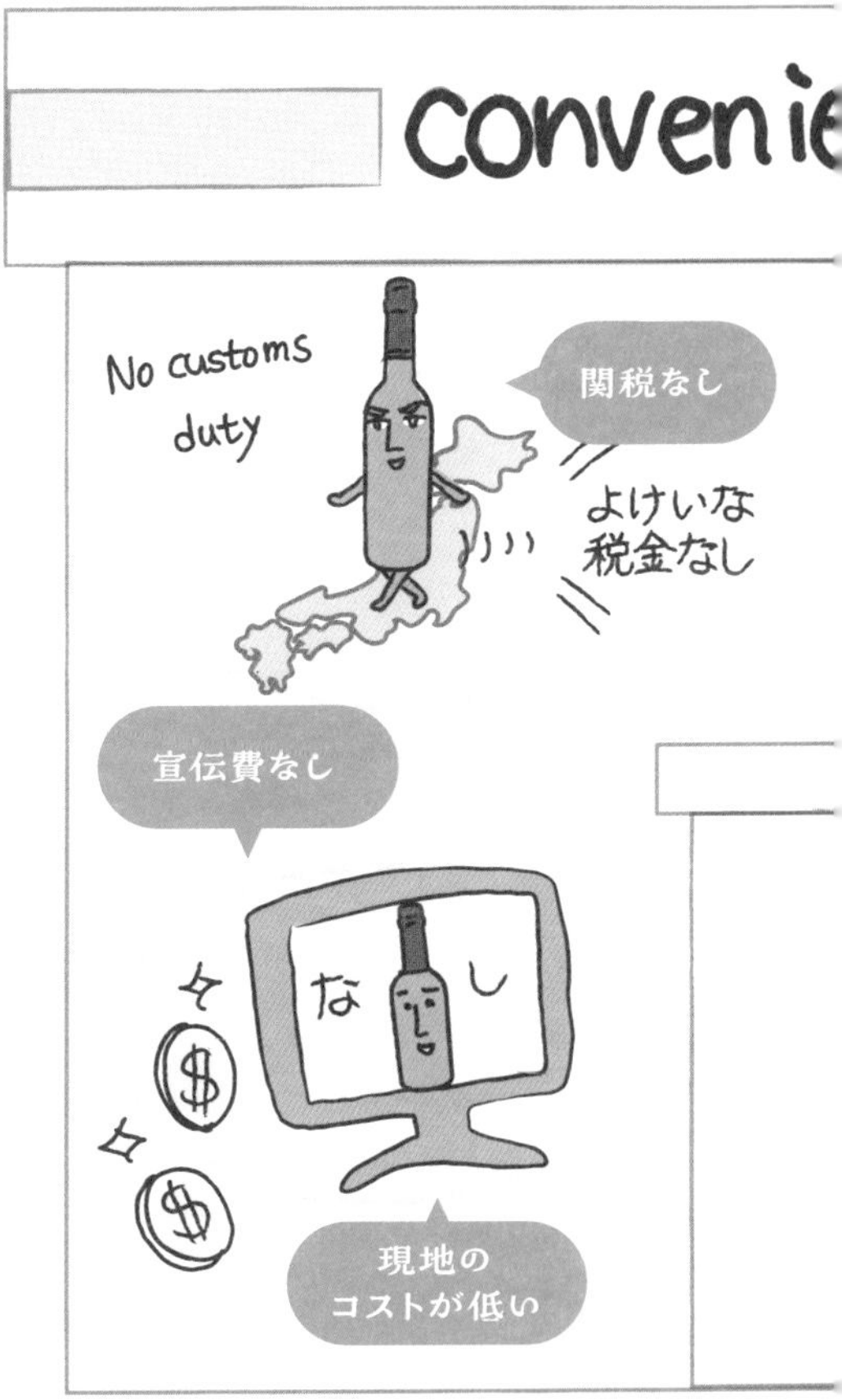

なくても、全国のコンビニで売ることができるので成り立ちます。

関税の変化も忘れてはいけません。EU加盟国やチリのワインにかかる関税は、2019年から撤廃されました。そのため、以前よりも安くワインを販売できるようになっています。

安い価格のワインで失敗しない秘策

リーズナブルな産地で少し高いものを買う

ボルドーやブルゴーニュのような高級ワインの産地は平均価格が高め。その中で安いものを選ぶとハズレの可能性が高いので避けたほうが無難。リーズナブルな産地の中で、高価格帯のワインを選んだほうが、アタリの可能性が高い。

高級ワインの安価なものに注意

高級銘柄にも関わらず相場より大幅に安いワインは、品質がよくない可能性がある。店舗ではなくオークションや個人売買で購入する場合、偽物かもしれないので注意が必要。お買い得だと思って飛びつくと、痛い目をみるかも。

困ったらロゼやスパークリングを！

ロゼワインやスパークリングワインは、リーズナブルな価格でも比較的飲みやすく、コスパのいいものが多い印象が。ロゼは赤ワインや白ワインに比べてクセがないので料理に合わせやすく、スパークリングは炭酸の爽快感があるので失敗しにくい。

21世紀のワインビジネス③

ワインは大切な外交ツール

饗されるワインは
そのときどきの状況で変わる

習近平首席へのおもてなし①

フランスはロマネコンティ1978

フランスのマクロン大統領が訪中した際、習近平主席との私的なディナーの席にロマネコンティ1978を持参。ワイン外交で総額150億ドルの商談を成立させた。

習近平首席へのおもてなし②

オバマ大統領はジンファンデル・ブレンド

オバマ大統領が振る舞ったのは、カリフォルニアのリッジ・ヴィンヤーズが造るガイザーヴィル。アメリカの固有品種を使ったワインでアピールした。

単なるお酒ではなく
コミュニケーションツール

王室の晩餐会や首脳同士ディナーの席など、外交の場にワインは欠かせません。

重要なパートナーと認識している相手には最上級のワインが供されますが、その逆もあります。相手国にゆかりのあるワインを選び友好的な雰囲気を盛り上げることも。

ふるまわれるワインで、本当の関係性も垣間見れるのです。

日本でのおもてなしのワイン

胡錦涛元首相と福田元首相が出したカルトワイン

2008年に中国の胡錦涛主席が来日した際、福田康夫首相との夕食会で振る舞われたのは、アメリカのハーランエステートだった。首脳外交ではフランス産が通常だが、中国とフランスの関係が冷え込んでいることに配慮し選択されたという。

習近平首席へのおもてなし③

イギリスはシャトー・オー・ブリオン1989

エリザベス女王主催の晩餐会で出されたシャトー・オー・ブリオンが、天安門事件があった1989年産であったことが、偶然なのか意図的なのか物議を醸した。

イギリストにとってのシャトー・オー・ブリオン

古くから高い人気を誇り、17世紀のチャールズ２世時代の晩餐会でも頻繁に出されていた特別なワイン。

1964年のオリンピックを決めたシャトー・ディケム

当初、まだまだ復興途上である日本での五輪開催にヨーロッパの委員たちは反対していました。

しかし、最終調査で東京を訪れた一行の晩餐会で、ＩＯＣ会長が1921年のシャトー・ディケムを注文。まともなワインはないだろうという予想を覆しディケムが供されたことで、反対の声が止み、東京に決定したという逸話があります。

温暖化などでグローバル化が進む

温暖化
ここもいい所だな～
ナパからチリ
モンダヴィとチリの老舗ワイナリーのタッグで生まれたセーニャは、チリを代表する高級ワインに。
ナパ+イタリア
ワインの産地であるカリフォルニアのナパとイタリアのモンタルチーノ市が姉妹都市提携を結ぶ。
チリとフランスのジョイント
チリの土地と販売網のポテンシャルに目をつけたフランスシャトーが進出。チリのワイナリーと提携を結ぶ。

ぶどうの生育環境が温暖化で変化

地球温暖化の影響でワイン用ぶどうの北限がのび、かつては不向きとされたイギリスでもワイン造りが行われるように。反対に、これまでワイン生産に最適だった地域の環境が変わってしまうという現象も起きています。

人件費や輸送などの問題もあり、生産者の移動やグローバル化がどんどん進んでいます。

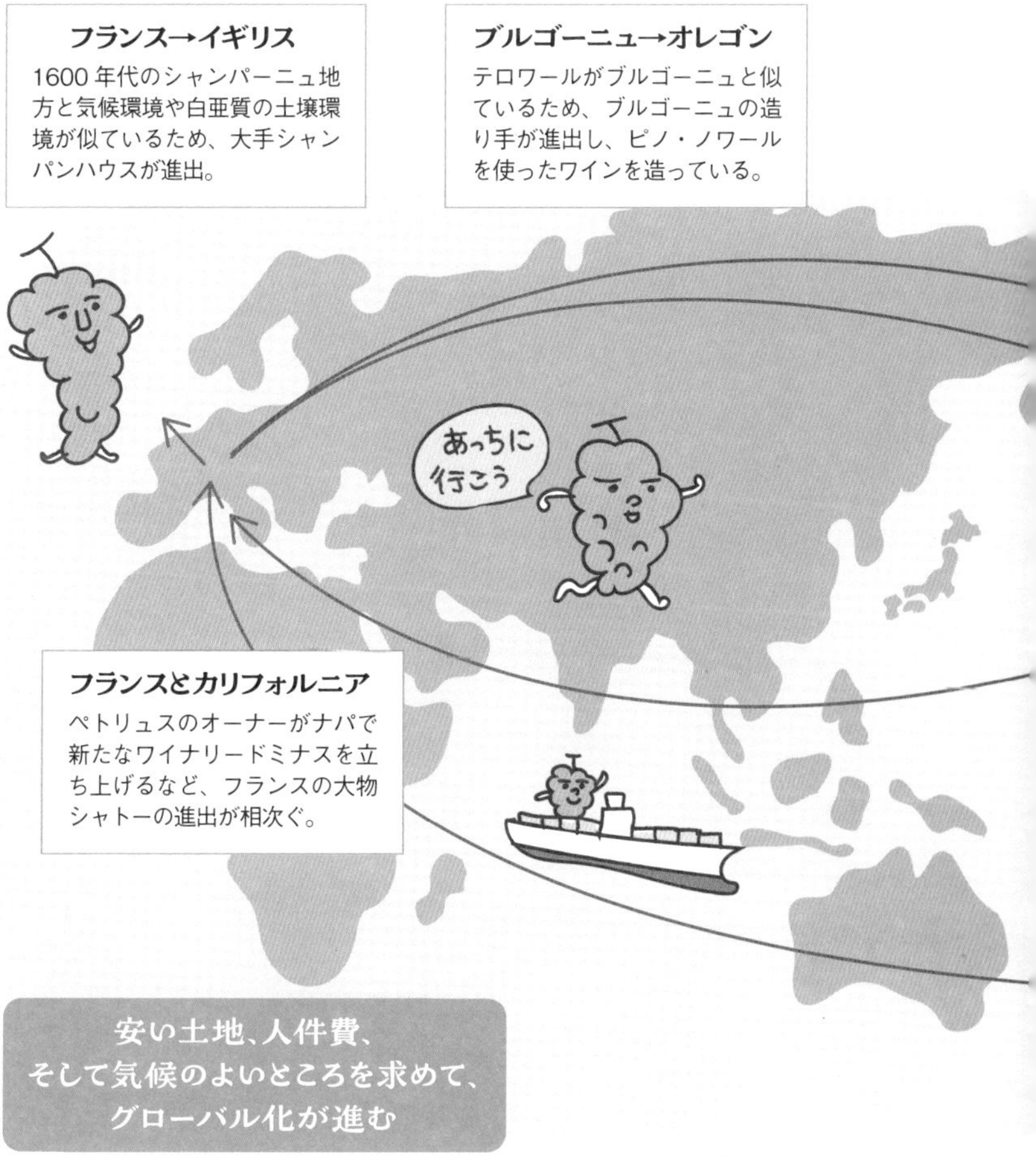
フランス→イギリス
1600年代のシャンパーニュ地方と気候環境や白亜質の土壌環境が似ているため、大手シャンパンハウスが進出。
ブルゴーニュ→オレゴン
テロワールがブルゴーニュと似ているため、ブルゴーニュの造り手が進出し、ピノ・ノワールを使ったワインを造っている。
あっちに行こう
フランスとカリフォルニア
ペトリュスのオーナーがナパで新たなワイナリードミナスを立ち上げるなど、フランスの大物シャトーの進出が相次ぐ。
安い土地、人件費、そして気候のよいところを求めて、グローバル化が進む

「ブルゴーニュよりブルゴーニュ」を探す

奇跡のテロワールを持つブルゴーニュに似た土地を探す動きが見られます。天候や土壌が似ているとされるのは、アメリカのオレゴン州です。

　また、アメリカでブルゴーニュの伝統的な醸造法にこだわるキスナーのピノ・ノワールやシャルドネは、本場ブルゴーニュに引けをとらないブルゴーニュらしさで、絶賛されています。

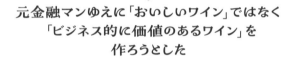

21世紀のワインビジネス⑤

ワインはもはや金融商品&投資の対象

1980年代後半~1990年代

エリートビジネスマンがワイン事業に参入

元金融マンゆえに「おいしいワイン」ではなく「ビジネス的に価値のあるワイン」を作ろうとした

当時のアメリカの状況

IT バブル、金融バブルによる好景気で高級ワインがブームに。富裕層だけでなく一般層にもワイン熱は拡大し、ワインツーリズムも盛んになった。

カルトワインの熱狂がワイン投資を促進

近年、ワインは投資商品としても注目を集めるようになりました。年月とともに価値が上がるワインも多く、ヴィンテージや希少価値による変動という要素もあり、投資対象として魅力的なのです。

その背景には、カルトワインの誕生があります。アメリカのナパを中心に造られるカルトワインは、あえ

エリートたちはアメリカ市場にしぼってワインを売ろうとした（旧世界は相手にしない）

戦略

ターゲットをアメリカ人の若い層にしぼる

ワイン好きって
イケてね？
いいかも！
Just
for
you〜！

パーカー好みのはっきりした味	スタイリッシュなラベル	本数をしぼり品薄状態
アメリカ市場に的を絞り、いわゆるパーカー好みの、はっきりした味を目指した。	高級かつファッショナブルなイメージを植え付け、若手富裕層にアピール。	あえて小ロットで生産し、コレクターズアイテムとしての希少性を高めた。

カルトワインの誕生

狙い通り、アメリカの富裕層の間で火がつき、カルトワインを保有することがステイタスに。人気は徐々に拡大して世界に広がった。

て少量生産にして希少価値を付ける販売戦略と、伝統的なワインとは一線を画するスタイリッシュなイメージで、熱狂的な信者を獲得。フランスの銘醸シャトーをしのぐ高価格で取り引きされることも多々あります。

　カルトワインを生み出したのは、アメリカのビジネスエリートです。もともとワイン愛好家だった金融関係者や弁護士、医者などの富裕層が、趣味の延長としてワイン造りに参入すると、豊富な資金力とビジネスセンスによって大躍進を遂げたのです。

コラム

リーマンショックから中国市場に興味が移る

1990年代　カルトワインブーム

↓

2001年　同時多発テロ

↓

2008年　リーマンショック

高級ワインを販売する
オークション市場が止まる

リーマンショック
どーん
みんなーっ!?
もーアカン
ゾロゾロ

落札率が95%以上から、一気に50%以下まで下がったオークションハウスも。事前入札がまったく集まらない状況になった。

相場を無視した超高額落札を連発

カルトワインブームで拡大していたアメリカのワイン市場は、２０００年代に入り同時多発テロ、リーマンショックで大きな打撃を受けます。そこで注目されるようになったのが中国です。

香港のワイン関税が引き下げられたのをきっかけに、オークション各社は中国でのプロモーションに力を入れ始めました。すると、中国人富裕層が相場よりもかなり高額で落札するなど、欧米では考えられない豪快な買い方で盛り上がりを見せました。

同じタイミングで香港のワインへの関税がゼロになる！

①関税がゼロになり、オークション会社は即座に香港でオークションスタート

2008年に、香港がワインにかかる関税を40％からゼロに引き下げたことで、大手オークション会社が相次いで香港に拠点を設けた。

②思っていたよりも高い金額でどんどん落札→中国マネーのすごさを実感

2014年のサザビーズオークションに出品されたロマネコンティ・スーパー・ロットは、日本円にして約1億8千万円で落札された。

なぜボルドー？

中国向けに最初に紹介されたのが偶然ボルドーだった。そのまま気に入られボルドー一辺倒に。

コラム

アメリカのZ世代が主役のサードウェーブワイン

Z世代の価値観を体現するワイン

アメリカのZ世代にとって、ワインの位置づけは多様化しています。投資に興味のある層にとっては、株や不動産と同様の資産アイテムです。オリジナリティのあるプライベートブランドのワインにクラウドファンディングで投資する傾向もあります。

一方で、投資対象としてではなく、トレーサビリティとサステナビリティを重視する層もいます。「サードウェーブワイン」と呼ばれる、今後さらに注目すべきジャンルです。

ワイン業界の サステナブル&トレーサビリティ

消費者の意識変化に合わせた改革

欧米ではSDGsへの取り組みが進み、サステナビリティを意識した商品がトレンドになっています。

　ワインの世界にもこの流れは届いており、生産過程での環境負荷をなるべく減らし、ボトルや輸送のあり方を見直す動きが広がりつつあります。

　また、若い世代を中心に「どこで誰がどのように造ったか」を意識して商品を選択する消費者が増えているため、トレーサビリティ（追跡可能性）の重要性も高まっています。

オーストラリアのリサイクルペットプラスチックで作られたボトル

オーストラリアでは100%リサイクルペットボトルで作られたワインボトルが登場。ガラスボトルよりも軽量なので、輸送にかかる温室効果ガスの排出量も削減できるとして、注目されている。

水中電気の使用を減らすのもサステナブルワイン

環境への負荷をなるべく減らそうと模索するワイナリーが増えており、農薬の使用量を減らしたり、醸造過程での水や電気の使用を最小限に抑えたり、自然エネルギーを導入したりしている。

ガラス不足は深刻 リターナブルボトルが返ってくる!?

ヨーロッパでは、ロシアのウクライナ侵攻にともなうエネルギー危機からガラスの製造が停滞。ワイン業界でもボトルが足りなくなったため、かつて行われていたリターナブルボトル（返却ボトルの再使用）を復活させる動きがある。

リターナブルボトル

使用した空き瓶を回収し、きれいに洗浄した上で再使用する。日本の日本酒や焼酎業界では一般的に行われている。

21世紀のワインビジネス⑥
ワインツーリズムは成長産業

ナパのワインツーリズムが
フランスに負けずと熱い

ワインツーリズムの本場といえば老舗ワイナリーが多いフランスだが、近年はアメリカ・カリフォルニア州のナパも注目の地域。ナパではテイスティング1杯が10～100ドルで、レストランの相場も高いものの、人気を集めている。

ワインビジネスが地域振興の要に

　ワイナリーを訪ねて見学やテイスティングを行うワインツーリズムが、地域振興の要として注目されています。ワインを購入するだけでなく、食事や観光で地元にお金を落としてくれる観光客の存在は貴重です。

　地域を挙げてテイスティング大会などのイベントをを行い、盛り上げを図っている産地も多いのです。

各地のワイン観光事情

ナパやソノマ

ナパやソノマはサンフランシスコから車で1時間程度で行けるため、より気軽にワイナリー見学ができるとして人気の観光スポットになっている。

ボルドー

3月末から4月にかけてプリムールテイスティングが行われ、世界中から1万人前後が訪れる。前年に収穫されたぶどうで造る熟成中のワインを試飲できる。

ブルゴーニュ

毎年11月にラ・ポレーというワイン祭りを開催。ぶどう園の働き手を労う行事から発展した。本国だけでなくアメリカでも関連イベントが行われるほど人気がある。

新アイデアの
ワインツーリズム続々！

ワイナリーで畑や醸造工程を見学して試飲を楽しむのが一般的だったが、斬新なアイデアで客を呼び込む試みも増えている。オーストラリアでは巨大なワイン樽の中での宿泊体験を打ち出すワイナリーが登場。ボルドーでは、ガロンヌ川をクルーズしながらワイナリーを周るツアーが行われている。

世界のワイン市場

ワイン産地ではさまざまな施設を創設。2023年には851億4520万米ドルだったワインツーリズム市場は、2024年には2925億3840万米ドルまで、約3.4倍になるというマーケット会社の予想レポートもあります。

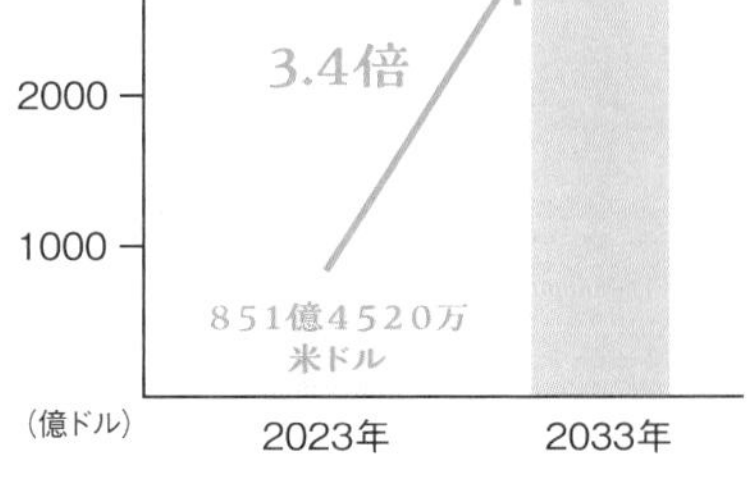

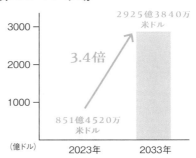

21世紀のワインビジネス⑦ ワインオークションの実態

入札する側

オークション会社に
出品したいワインの
リストを出す

↓

売買契約をし、
オークションに
出品することが決定

↓

オークションカタログが
作成され、
試飲会が開催される

↓

オークション会社と
出品者で
最低落札額を決める

↓

落札額を公開

↓

**オークションが
行われる**

オークションハウスが鑑定して価格を設定

高額ワインやレアワインの取り引きは、専門のオークション会社を通して行われることがほとんどです。

オークションに出品されたワインは、スペシャリストが鑑定して予想価格、最低落札価格を決定し、事前に情報が公開されます。最近では、入札がオンライン上で行われることも増えています。

オークションに入札する方法

①会場でパドルを上げる
②電話で入札
③入札数の上限を決めて書面で入札
④インターネットで入札

落札する側

ワインオークションのスケジュールをオークション会社のサイトやメール、手紙などで確認する

↓

試飲会

↓

入札する

ワインオークションの落札金額

①リザーブ価格が設定
（主催者と出品者で決めた最低落札価格）
②落札予想価格が公開されている
③同額入札の場合は早く送った人が落札

コラム

ワインの知識は金になる スペシャリストは高給取り

日本に比べて はるかに待遇がよい

ワインのスペシャリストであるソムリエは、欧米の一流レストランなどではかなり高給です。

日本のソムリエの平均年収は４００万円弱ですが、欧米では初級レベル・ソムリエでも６００〜７５０万円、最上級のマスター・ソムリエになると２２５０万円にもなり、これに加えてチップもあります。

ちなみに、初級、中級などの資格はイギリスの認定機関によるもので、最難関のマスター・ソムリエは世界で３００人もいません。

ハイレベルのマスターソムリエは かなりの高給取り

初級レベル・ソムリエ	4〜5万ドル（600〜750万円）
中級レベル・ソムリエ	6〜7万ドル（900〜1050万円）
上級レベル・ソムリエ	7〜8万ドル（1050〜1200万円）
マスターソムリエ	15万ドル（2250万円）

※1ドル150円で換算。

＋

20%のチップ

オークション会社は上流階級の子女が多い!?

ワインの専門知識と社交性が求められる

クリスティーズ、サザビーズ、ザッキーズなど大手オークションハウスでは、ワインオークションを開催しています。

出品されるワインの銘柄やヴィンテージ、保存状態などを見て基準価格を決定するのは、ワイン部門のスペシャリストの仕事です。

スペシャリストにはワインについての高度な専門知識が必須ですが、それに加えて社交性も求められます。

高額ワインは売り手も買い手も社会的な地位の高い富裕層がメイン。こうした顧客を相手にする商談や接待の場で、ふさわしい立ち居ふるまいができなければいけないのです。

そのため、オークションハウスでは貴族や名門家など上流階級の子女が多く働いています。彼らは、社交の場に慣れており、一流のワインやワイン文化が身近な環境で育っているからです。

故ダイアナ妃の姉も英国のクリスティーズで働いていました。

コラム

高額で取引された伝説のボトルの数々

希少価値のあるワインは、オークションで予想を大きく超えた価格を叩き出します。ここでは、ワイン史上に残る3本を紹介します。

ロマネコンティ1945
55万8000ドル
(当時約6000万円)
で落札

2018年にNYで行われたオークションに、「存在すら幻」と言われるほど希少な1945年産のロマネコンティが出品され、ワイン史上最高落札額を記録。グラス1杯約1000万円という超高額だった。

履歴も信用できた!

偽物も多く出回るが、生産当時に扱っていた業者由来の品で信頼できた。

ドンペリ1921
ファーストヴィンテージ
8000ドル
(当時約84万円)
で落札

13歳でタバコ王である父から巨額の遺産を相続したドリス・デュークのコレクションから出品。予想をはるかに上回る高額で落札された。醸造から83年が経過していたが、コルクを開けると微量の泡立ちがあった。

ワインオークションの接待

〜高級ワインが何十本も開栓される!〜

オークションハウスは、オークションの前日に上顧客を招待してプレオークションディナーを開催します。高級ワインが何10本も振るまわれる接待の場です。

この場では、次回のオークションで出品されるワインも提供されます。出品者が100本出品する場合、そのうちの5本はサンプルワインとして接待で使用する、というようにあらかじめ契約を結んでいるのです。

プレオークションディナーに参加しているのは、常連のお得意様であり、サンプルとして飲んだものに高確率で入札します。出品者側もそれをわかっているので、快くサンプルを提供してくれるのです。

接待
買うよ
いいねーキミ!
よろしくお願い致します
ペコリ

約5500万円

スクリーミング・イーグル1992
50万ドル
(当時約5500万円)
で落札

超少量生産で、メーリングリストの顧客のみに販売する入手困難なカルトワイン。ファーストヴィンテージの1992年産の6リットルボトルは、2008年のチャリティーオークションで50万ドルの高額をつけた。

21世紀のワインビジネス⑧
偽造ワインの隠し味は醤油

ルディ・クルニアワン

若きワイン専門家として現れ、
ワインを偽造して荒稼ぎした

高級なヨーロピアンスーツを着こなし、豊富なワインの知識を持つコレクターとして目立つ存在だった。高価なワインをオークションに持ち込んで次々に出品していた。

実際には存在しないワインを販売。
これをきっかけに逮捕される

偽造したワインは1万2000本以上
日本にも多くのルディのワインが存在!?

被害総額、なんと120億円！

ワイン史に残るさまざまな偽造ワインの中でも、ルディのワインは有名です。

ルディは2000年代初めにニューヨークのワインオークションに現れ、自ら造った偽造ワインを出品していました。多くの人がだまされましたが、存在しないヴィンテージのワインを出品したことで足がつき、2012年に逮捕されました。

なぜ、まんまとルディにだまされた?

ボトルは
本物も多く使用

偽造ワインの中には本物のボトルに詰められたものも。プレオークションディナーで空き瓶を持ち帰り、そこに詰めていたとも考えられている。

レシピは完璧!
隠し味は醤油

安物のチリワインやカリフォルニアワインにポートワインをブレンド。隠し味にハーブや醤油も加えて、高級ワインの味を完璧に再現していた。

転売履歴を
明らかにして信用させた

「●●で落札した」とオークションハウスの名前を出して、別のオークションハウスに持ち込み「●●で出品されたものなら確かだろう」と信頼させた。

パーカーさえだまされた!?
知識は本物だった

知識は確かで、オークションや交流会の席でも他の参加者から信頼されていた。また、パーカーも彼のワインに高得点をつけてしまったことがある。

コラム

ブラピによる映画化の話も⁉ ジェファーソンボトルの謎

1985年パリの古い邸宅の地下セラーで トーマス・ジェファーソンの18世紀のボトルを発見

パリの邸宅の地下ワインセラーで、ジェファーソンの名が彫られた1787年産のラフィットを発見。それを購入したワインコレクターのハーディー・ローデンストックが、ロンドンで開かれたクリスティーズのオークションに出品した。

Thのイニシャルが 彫られたボトル

ボトルに「Th.J」とトーマス・ジェファーソンのイニシャルが彫られていた。

高額落札されるも偽物と判定

メドック第1級のラフィットは、第3代アメリカ大統領のトーマス・ジェファーソンが気に入り、何樽も所有していたとされます。

1987年にジェファーソンのコレクションと見られるラフィットが発見され、オークションに出品されました。高額で落札され話題となりましたが、後に偽物と判定されます。

一連の騒動は、ブラッド・ピット主演で映画化予定でしたが、購入者の大富豪が自身の名誉を守るため阻止してしまいました。

真偽を疑う声があり調査チームを結成

保険会社の調査で偽物と指摘が入った後、他の購入者も独自に調査を開始。元 FBI 捜査官や鑑定家などを独自に雇って偽造ワイン販売の経緯を調査し、発見者を訴える民事訴訟を起こした。

ジェファーソン展でコルクが落ちて保険会社が調べたら偽物とわかる

ガラスの削り方がニセモノ

ボトルに刻まれていたイニシャルを調べたところ、当時存在しないはずの、歯を削る機械で彫ってあることが発覚。

フォーブスの発行人が1万5000ポンドで落札

アメリカの有名経済誌フォーブスの発行人だった大富豪が高額で落札し、世界で最も高価なワインとして話題に。

トーマス・ジェファーソンとワイン

第3代アメリカ大統領のトーマス・ジェファーソンは、大のワイン愛好家です。

合衆国公使としてフランスに赴任していたときにワインの魅力にはまり、ボルドーのシャトーに頻繁に足を運んでいました。

帰国後は、政務の傍らワイン造りを行い、ホワイトハウスのワイン顧問兼バイヤーとしても活躍しました。

偽造ワインを探し出せ！
その傾向と対策

偽造不可のコルク
追跡できるGPSの導入
温度センサー付きラベル
などなど
ローラン・ポンソ氏
偽造ワイン
ダメ・・絶対

偽造を見破るための最新技術とは？

ルディが逮捕された後も、回収できた偽造ワインはごく一部で、まだまだ多くの偽物が市場に出回っていると考えられています。

偽造ワインを見分けるヒントになり得るのは、ラベルやコルクです。ラベルの質感や汚れ具合に違和感があったり、コルクの素材やロウの部分が不自然なことがあります。しかし、これらは見比べなければわかりにくく、素人目には難しいでしょう。

ワインを購入するときには、信頼できる販売店やオークションハウスを通すのが確実です。ルディ事件以降、オークションハウスも対策を強化し、少しでも疑わしいものは出品を見送るようになっています。

また、ワイナリーも偽造対策に乗り出しています。偽造できないようコルクに合成素材を使用したり、ラベルに温度センサーを導入したり、GPSでボトルを追跡できるようにしたりと、最新技術を駆使しています。

Part 2

歴史に学ぶ ワインビジネス

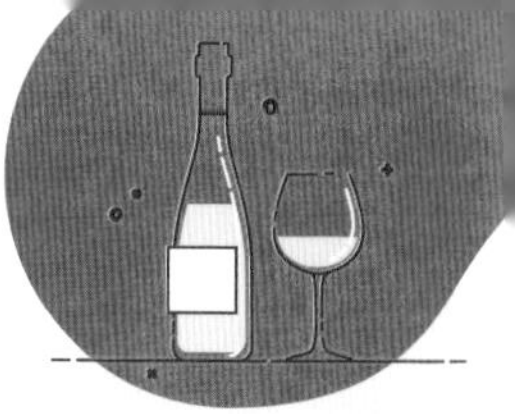

歴史に学ぶワインビジネス①

8000年前からワインはビジネス

大規模生産を伺わせる遺跡が発掘されている

ワインがいつ、どこで誕生したかは諸説ありますが、ジョージアではないかというのが有力です。

ジョージアでは8000年前には「オレンジワイン」を生産。遺跡の状況から、ぶどうの栽培と醸造を別々の場所で行う大規模な生産体制であったと見られ、ビジネスとして行われていたことが伺えます。

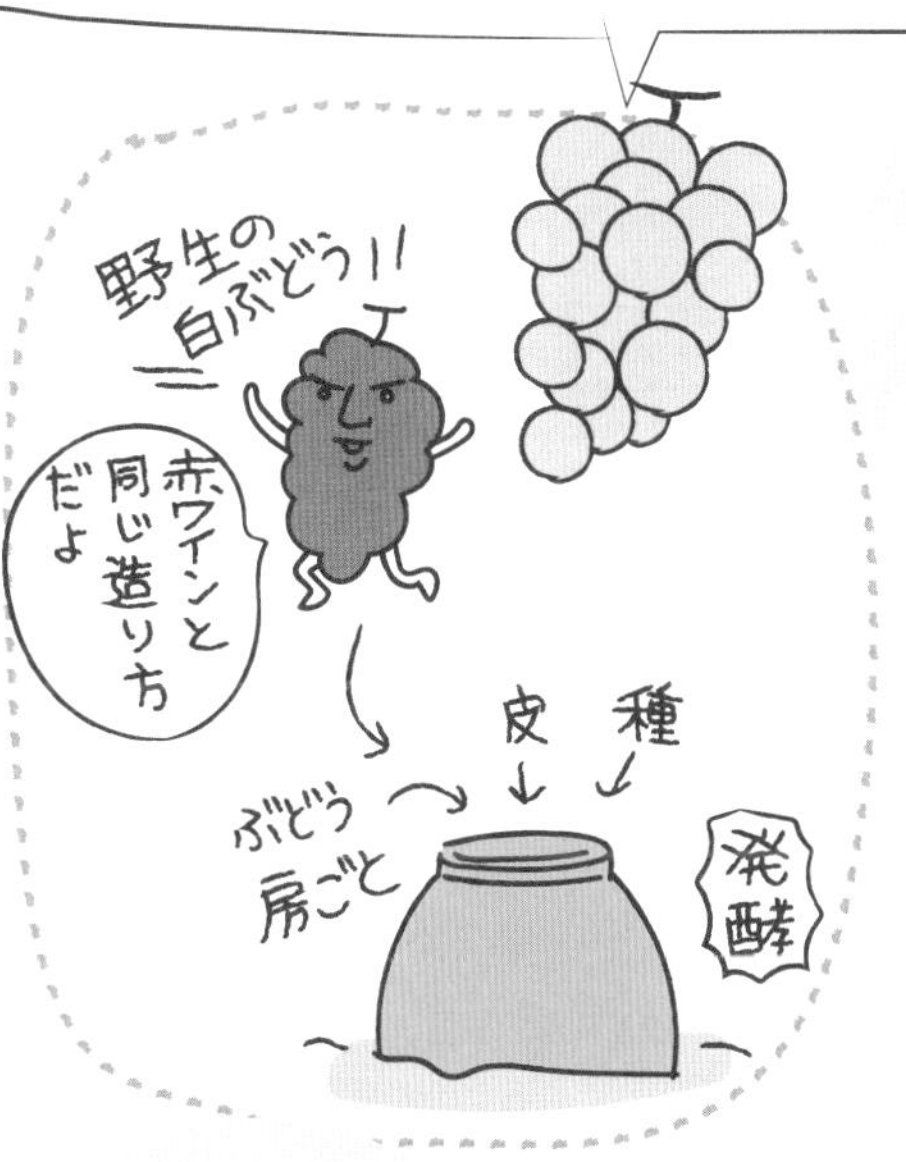

発祥のワインはオレンジワイン

オレンジがかった色味が名の由来で、原料は白ぶどう。果皮と種子を除かず長期間発酵させて造られる。ジョージアでは今もこの手法が受け継がれている。

クヴェヴリの中でぶどうが発酵

クヴェヴリという卵型の大きな壺に入れ、地中に埋めて発酵させるのがジョージアワインの特徴。地中に寝かせることでゆっくり熟成しまろやかな味になる。

オーガニックブームで再注目!

ワイン生産の中心地がエジプトやギリシャに移ると、ジョージアでのワイン造りは衰退していきました。しかし、近年になって「手造りの自然派ワイン」として伝統的な手法に注目が集まり、ワイン産業が盛り上がりを見せています。ワイナリー数は２０２３年には２００社にも及び、これは２０１０年比で10倍以上の伸びです。

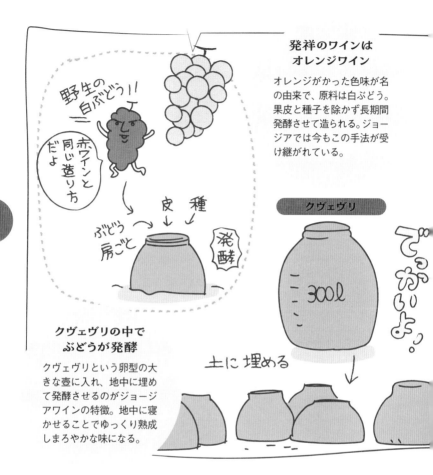

コラム

エジプトから古代ギリシャで栄えたワイン貿易

ワイン産業が経済の要となっていた

地中海に面するエジプトとギリシャは、ワイン貿易で経済的に潤いました。

古代エジプトでは、王族から一般庶民まで広くワインに親しんでいたことがわかっています。ワイン醸造は花形職業で、国家としても一大産業でした。

エジプトからワインが伝わったギリシャでも、ワインビジネスは経済の大きな柱となっていました。農業技術に優れていたため、ぶどうの生育に最適な土壌と栽培方法の研究もすでに行われていたようです。

エジプトの人にとってのワイン

ミイラのそばにはワイングラスが！

王族のミイラの周囲からはワイン壺が発掘されており、死後の世界でも飲めるようにとの思いから捧げられた副葬品と考えられている。ツタンカーメンの墓からも26のワイン壺が見つかり、それぞれ醸造者の名前や生産年が記載されていた。

当時の人々にとって酔うこと＝神様からのパワー

当時のエジプトで造られていたのは赤ワインで、「オシリス神の血」になぞらえ神聖なものとされた。ぶどうがワインに変わるのも、飲むと高揚感がありよい気分になるのも、神のパワーだと考えられており、神殿の周囲にはぶどう園が作られていた。

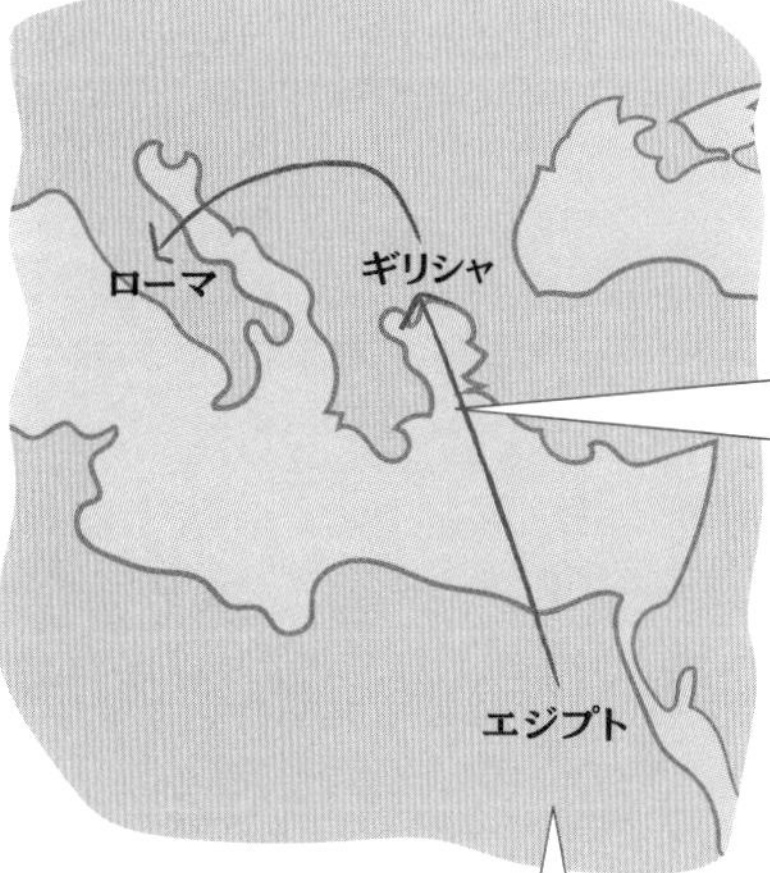

ギリシャでのワイン貿易は一大産業だった！

地の利を生かし、大量生産したワインを地中海諸国に輸出。高度な造船技術をもっていたため、大量のワインを運搬することができた。

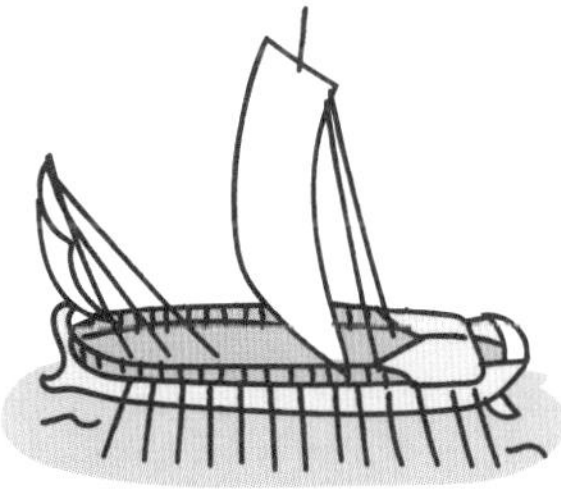

ワイン貿易はエジプトの経済を支えた。その秘密はアンフォラ

古代エジプトのワインは「アンフォラ」という取手付きの壺に入れられていた。取手があることで持ち運びしやすく、先細の形状で運搬中も安定しやすかった。アンフォラのおかげで、ワイン貿易がスムーズに行えた。

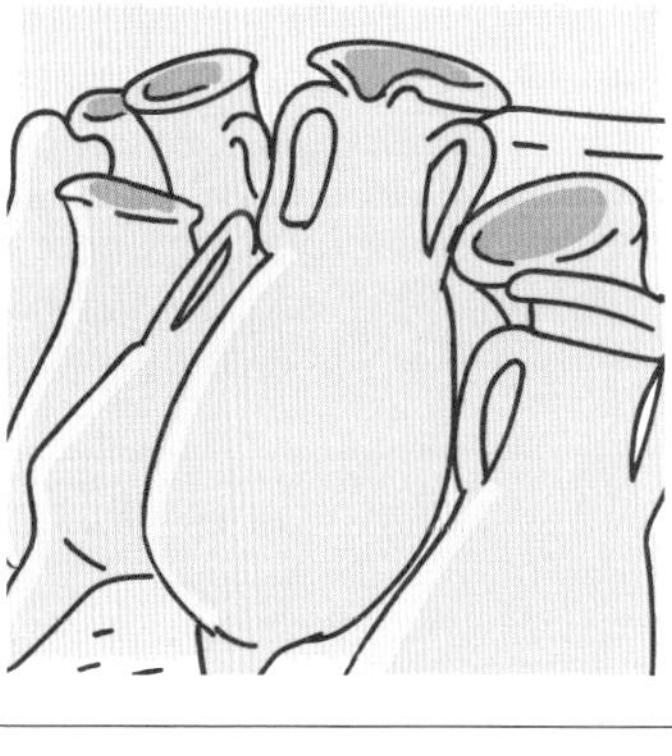

ギリシャでは貿易の収益を上げるため制限

無理な生産拡大で品質が下がるのを防ぐため、ぶどうの収穫量をあえて制限。高品質なワインを輸出することで、高い貿易利益を上げていた。

コラム

ローマ帝国がワインをヨーロッパに広めていった！

ローマ軍が攻め入った場所がフランスのワイン銘醸地になった

ガリア戦争は8年にも渡り、ガリア地域にワインも含め、当時のローマの高い文化が広まるきっかけとなった。

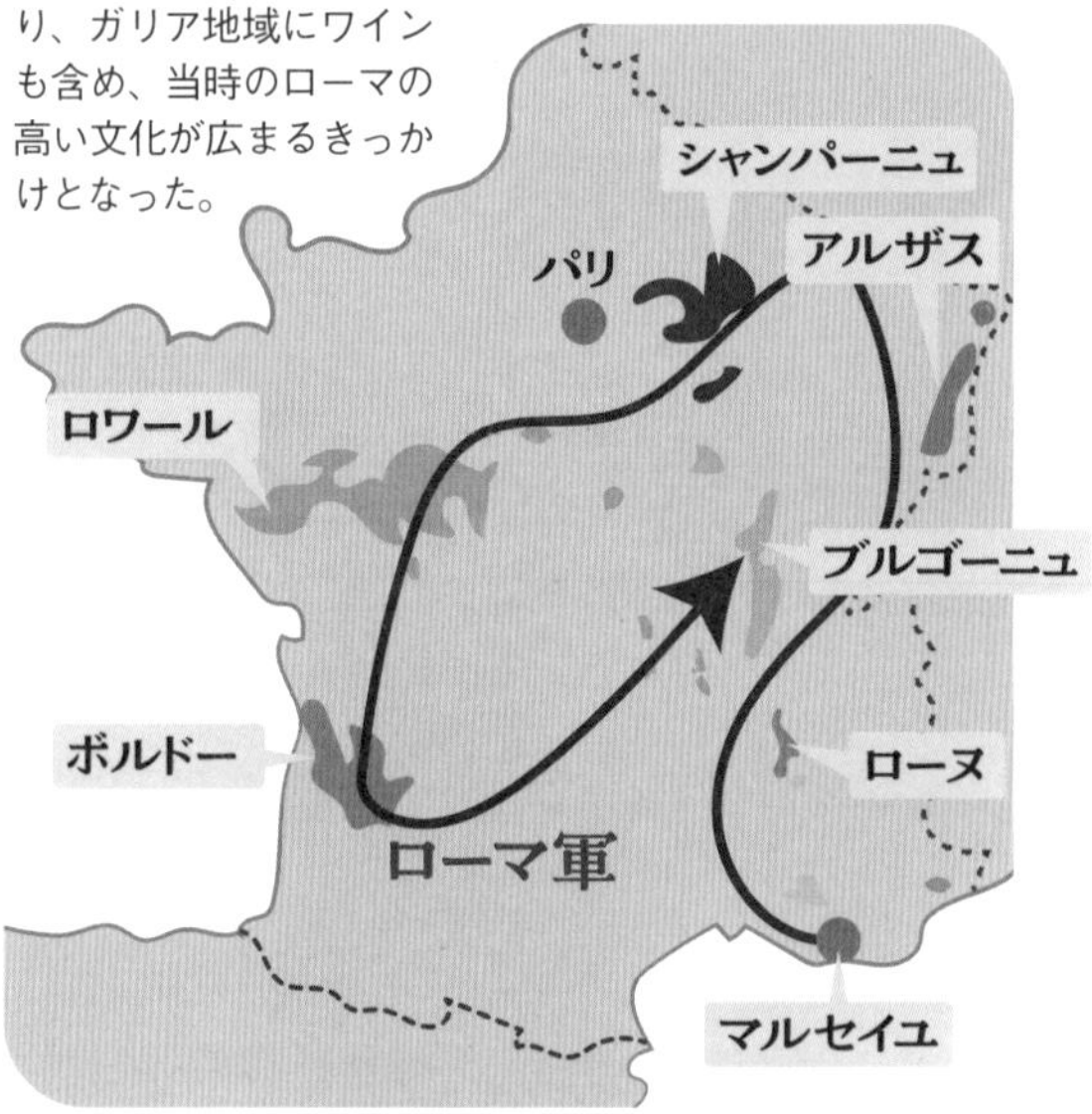

ローマ軍の足跡

マルセイユ → ローヌ → アルザス → シャンパーニュ
↓
戦争締結 ← ブルゴーニュ ← ボルドー ← ロワール

シーザーの遠征先でワイン造りが定着

エジプト、ギリシャで花開いたワインをヨーロッパに広めたのはローマ軍です。

紀元前4世紀から始まったガリア（現在のフランス、ベルギー、北イタリアなど）との戦争は、紀元前1世紀には、ジュリアス・シーザー率いるローマ軍がヨーロッパで勢力を拡大。ローマ軍の上陸とともにワイン造りが伝播します。遠征先で兵士にワインを与えており、シャンパーニュ、ボルドーなどこのときの遠征地が、現在ワインの銘醸地となっています。

キリスト教とワインビジネス

神に愛されたワインとして発展したシャトーヌフ・デュ・パプ

ローヌ地方のワイン産地シャトーヌフ・デュ・パプの地名は「法王の新しい城」という意味。法王庁がアヴィニョンに移ったことをきっかけに、絶大な権力を誇る歴代法王に愛されて発展した。

教訓 権力者に愛されることで発展。品質もよくなる

司教や修道院の特権で栄えたアルザスに生まれたグールメ

アルザスでは司教や修道院の特権の下でワイン交易が盛んになった。需要が拡大すると、生産者と顧客の間に立って品質の確認や売買の斡旋などを行うグールメという役職を設け、粗悪品が流通するのを防いだ。

教訓 しっかりした品質管理の大切さ

世界中でワインが飲まれているのはスペイン宣教師のおかげ

スペインは一時、アルコールを禁じるイスラム教徒の支配下にあったが、貿易で莫大な利益をもたらすワインの生産は禁止されなかった。大航海時代にはスペイン人宣教師とともに、世界中にワインが広がった。

教訓 高利益を生むものを無視することはできない

歴史に学ぶワインビジネス②

ワインビジネスの裏に王侯貴族

ワインの神さまディオニソス
クレオパトラめっちゃパリピじゃない？
10〜20億円のディナー
マルクス・アントニウス
彼氏
クレオパトラ

王侯貴族の支持で人気商品になる

ワインは王侯貴族に愛されて発展してきた歴史があります。古代には神の恵みであるワインは権力の象徴であり、中世には宮廷文化の中で資金力を誇示するのに欠かせない存在でした。

ワイナリーにとっては、絶大な影響力を持つ王族や貴族に愛されることは、チャンスでもあります。

ルイ13世が公式ワインに

定めたエルミタージュは、ボルドーの一流シャトーのワインよりも高値で取引されました。ルイ15世時代に人気を博したラフィットは「王のワイン」と呼ばれ、国内外で品薄となりました。王侯貴族の支持で人気商品としての地位を確立できたのです。

アウグストゥス大帝のお気に入りだったソアーヴェ

イタリアヴェネト州を代表する白ワインのソアーヴェは、初代ローマ皇帝のアウグストゥスも好んだといわれている。「白百合から生まれたような美しい白さ」と称えられ、貴族、教会、豪商らから愛された。

カール大帝はひげを守るために白ワイン派に!

初代神聖ローマ皇帝のカール大帝は、もともとは赤ワイン好きだったが、白いあごひげが汚れるのを嫌って白ワイン派に転向。コルトン村に所有する畑のぶどうをすべて白ぶどうに植えかえさせたという逸話がある。

クレオパトラ
(紀元前69-30年)

エジプト最後の女王であるクレオパトラもワイン愛好家として知られ、世界で初めてワインクラブを発足させたといわれる。甘めの赤ワインを好んだと伝わっている。

コラム

ボルドー＆ブルゴーニュはベルサイユ宮殿の大口顧客

デュ・バリー夫人と
ポンパドゥール夫人の争い

推しワインで争った王の愛人たち

ベルサイユ宮殿はワイン文化の中心地であり、とりわけルイ15世の時代にワイン熱が高まりました。

当時の宮殿ではボルドーとブルゴーニュが人気を二分していました。王の愛妾であったポンパドゥール夫人はラフィットがお気に入りで「私はラフィットしか飲まない」と宣言していたほどです。

もう一人の愛妾であるデュ・バリー夫人は、マルゴーを支持。ライバルだった彼女たちは、ワインでも張り合っていたようです。

ロマネコンティを巡る争い

ロマネコンティは私のもの

この畑
買いま〜す

コンティ公がポンパドゥール夫人に勝ってラ・ロマネと呼ばれる畑を購入

18世紀にロマネコンティの畑である「ラ・ロマネ」が売りに出されると、コンティ公とポンパドゥール夫人が名乗りを上げ、結果的にコンティ公が争奪戦に勝利した。

うちの畑でできたワイン☆
特別だよ
ありがたき幸せーー!!

畑の所有者になったコンティ公はロマネコンティを大盤ぶるまい

所有者となったコンティ公は、貴族が集う宮廷のサロンでロマネコンティを貴族たちにふるまった。人気ワインだったため、サロンでの彼の株は急上昇した。

ブルゴーニュワインなんて全部いらないっ
ゴメンね〜

ポンパドゥール夫人が腹いせにブルゴーニュワインを宮殿から一掃

コンティ公との争いに敗れたポンパドゥール夫人は、口惜しさのあまり、ロマネコンティを含むブルゴーニュワインをすべて宮殿から締め出したといわれている。

※諸説あり

コラム

ワインバーは彼の思い付き!? ドイツ・シャルルマーニュ皇帝

シャルルマーニュ皇帝の思い付き

自らアイデアを出し ドイツワインに貢献

初代神聖ローマ皇帝のシャルルマーニュは、無類のワイン好きだったといわれます。ワインと食事をともに楽しむというコンセプトを思い付き、世界初のワインバーを作りました。

また、宮殿から景色を眺めていたとき、一部の斜面だけ雪が溶けているのを発見すると、雪が溶ける＝日射量が多い＝ぶどうの栽培に最適と判断し、すぐにぶどうの栽培を命じます。

彼のワイン愛は、ドイツをワイン生産国として躍進させました。

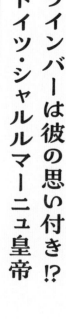

働かないことが美徳だったお貴族さま
それゆえにワイン造りの質は向上した?

よけいな口出しがないから品質向上

シャルルマーニュ皇帝のようにオーナーである王侯貴族自らワイン造りのアイデアを出すのは稀で、ぶどう栽培やワインの醸造については現場に任せきりのことがほとんどでした。

当時の上流階級の人々の間では「働かないことこそが美徳であり、仕事を持つのは卑しいこと」という価値観が存在したからです。

彼らが余計な口を出さなかったからこそ、醸造家は経験に基づいて試行錯誤することができ、ワイン造りの技術が発展したともいえるでしょう。

また、ボルドーのシャトーでは営業や販売をオランダ商人に委託しました。ヨーロッパ各国に販売網を持ち、商売に長けていた彼らのおかげで、ワインビジネスは大きな進歩を遂げます。革命によってオーナーである王侯貴族たちがその地位を失った後も、オランダ商人により生まれたネゴシアンがビジネスを継続しました。任せることで発展したともいえます。

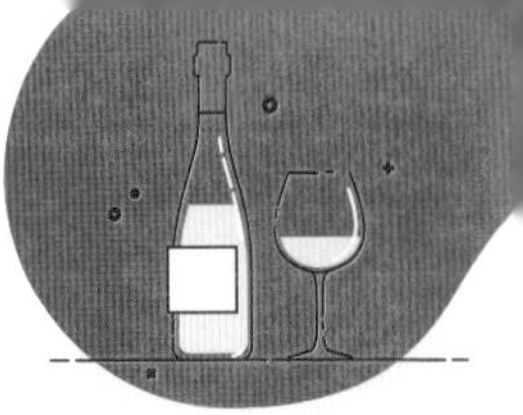

歴史に学ぶワインビジネス③

必要は発明の母。偶然が生んだ奇跡

コルク栓の発明が熟成を可能に

18世紀にコルク栓が普及すると、ワインの保管容器が壺からボトルになり、熟成させられるようになった。

ロゼは赤ワインの失敗作だった

出荷を急ぐあまり、十分に色素が抽出できていない状態で発酵させたところ、ピンクになったのがロゼの始まり。

失敗や偶然をチャンスに変えてきた

ビジネスの成功には、状況分析や努力だけではなく、偶然が作用することがあります。ワインの場合も、数々の偶然が発展をもたらしました。

たとえば、倉庫への入れ忘れによるシャンパンの誕生や、カビの繁殖による貴腐ワインの誕生などが挙げられます。ロゼワインもそのひとつで、黒ぶどうの抽

大航海時代に必要だったから誕生したシェリー

新大陸へ輸送する際、長い船旅による劣化を防ぐためにアルコール度数の高いお酒を添加して生まれた。

ソレラシステム

シェリーの熟成には、ソレラシステムという独自の手法がとられている。複数の年代の酒を混ぜてブレンドすることで、品質を均一化するとともに、複雑な風味を与えることができる。

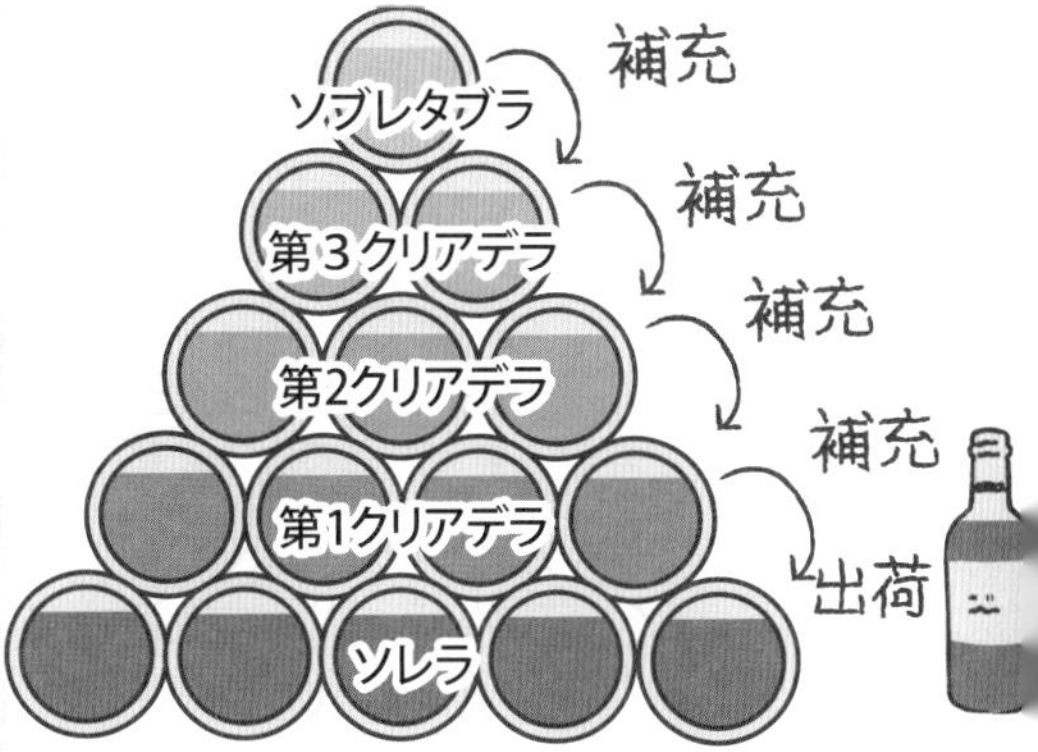

出不足という失敗から生まれた傑作です。

　また、コルクを使用したボトルでのワイン保存は、利便性のために始まったと考えられますが、熟成による付加価値の創造につながりました。

　必要に迫られてとった対策が、思いがけない成功を生むこともあります。

　シェリーやポートワインなどの酒精強化ワインは、輸送中の劣化を最小限にするために造られたものです。しかし、そうして生まれた風味の変化がよい方向にはたらき、人気商品となりました。

コラム

修道士のついうっかりから生まれたシャンパン

1
もともとの
シャンパーニュ地方は
白亜質土壌の何もない土地。
ピンクがかったブルゴーニュの
できそこないしか造れなかった
シャンパーニュ
2
ピエール・ペリニヨン
1638年生まれ
7人兄弟の末っ子
ぜぇ
ぜぇ
寒さの厳しいシャンパーニュで
試行錯誤

倉庫に入れ忘れたボトルがきっかけ

シャンパンは、ある修道士のうっかりミスがきっかけで誕生しました。

シャンパーニュ地方でも古くからワイン造りが行われていましたが、北に位置し、ブルゴーニュの劣化版といわれるくらい、品質はいまいちでした。

17世紀、修道院の醸造担当者であったピエール・ペリニヨン修道士は、品質向上を目指して試行錯誤を繰り返していました。

ところがあるとき、数本のボトルを倉庫に入れ忘れてしまいます。数か月後の

3
ボトルを何本か
置き忘れる
あとは倉庫の中で
春を待つだけ♡
忘れてる
春
ナニコレ
すごく
おいしいジャン!!
4
コルクと瓶を
麻紐でつなぐ
コルク
飛ぶ問題
解決!!
5
私は今、
星を飲んでいる

春に確認したところ、中身は泡立っており、恐る恐る飲んでみると、すっきりとしておいしい発泡性のワインになっていたのです。

冬の寒さで休眠していた酵母が、春になって再び活動し、瓶内二次発酵が起きたことによる変化でした。

その後、ペリニヨン修道士は発泡性ワインの研究を重ねます。ボトル内にたまった二酸化炭素でコルクが飛ぶのを防ぐため、紐で結ぶアイデアも、彼のものだといわれています。

高級シャンパン「ドン・ペリニヨン」は彼の名からとって命名されました。

コラム

腐ったぶどうが極上の甘口ワインになる驚き

三大甘口ワイン

①フランス　ソーテルヌ

ボルドーのガロンヌ川左岸に位置するソーテルヌ地区の貴腐ワイン全般。シャトー・ディケムが最も有名。

②ドイツ　トロッケンベーレンアウスレーゼ

糖度で分類されるドイツ甘口ワインの中で、最も甘い。アルコール度数が低いのが特徴。

③ハンガリー　トカイ

トカイ地区で造られる貴腐ワイン。トカイ・アスー、トカイ・エッセンシア、サモドロニの３つに分けられる。

貴腐ぶどうとは?

貴腐菌が付着して糖度が高くなったぶどう。貴腐ぶどうで造るワインは極めて甘口になる。腐敗せずに貴腐ぶどうとして生育するためには、温度や湿度などの環境条件が必要。

極上の甘口ワインはカビのおかげ

フランスのソーテルヌ、ドイツのトロッケンベーレンアウスレーゼ、ハンガリーのトカイ地区は3大甘口ワインの生産地として知られます。

これらの甘口ワインは、カビの一種である貴腐菌が繁殖して糖度が上がった貴腐ぶどうが原料です。

各地での貴腐ワインの誕生は偶然によるものでしたが、とろけるような甘さ、独特の風味、とろみのある口当たりと、他のワインにはない特徴で評判に。デザートワインとして親しまれています。

3大甘口ワインが生まれるまで

すべてが偶然の産物

侵略のせいで収穫が遅れたー!!
しなしな!!
しなびたぶどう
ヨボ〜

オスマン帝国の侵攻で収穫が遅れて生まれたトカイワイン

ハンガリー支配を狙うオスマン帝国の侵攻でぶどうの収穫が遅延。一部のぶどうにカビが生えてしまったが、もったいないのでそのまま使ったところ貴腐ワインになった。

許可待ってたらカビてるー!!
フッサフサ

収穫の許可を伝える使者が来ず生まれたラインガウの貴腐ワイン

ぶどうの収穫許可を伝える使者が遅れ、収穫のタイミングを逃した。しかたなくカビが生え干からびたぶどうでワインを造ったところ、極上の甘口ワインが生まれた。

貴腐菌
霧

はっきりした起源はわからないが、18世紀前半にはすでにあった

収穫の時期に霧が発生し、貴腐菌の生育環境にぴったりなソーテルヌ。1836年に秋の長雨が終わったときには貴腐ぶどうになっていた、1847年にディケムの所有者の帰国が遅れぶどうが貴腐化したなど、誕生には諸説ある。

歴史に学ぶワインビジネス④

あの歴史上の人物とワインの関係

発見
発酵は酵母によるものだ!!
ワインの劣化の原因は微生物だ! 微生物を低温殺菌すればいいのだ!
Yes! 菌だけKILLして
気付かれたー

ワインドクターと呼ばれた
ルイ・パスツール

細菌学者のパスツールは、自らワイナリーを所有し、アルコール発酵、腐敗を防ぐ殺菌法の研究を行った。

近代細菌学の父は ワインの発展にも寄与

　長い歴史を持つワインには、歴史上の有名人物との思わぬ接点もあります。

　ワクチンの開発で知られるパスツールは、低温での殺菌法を生み出し、ワインの発展に重要な役割を果たしました。

　一方、宗教革命にもつながったグーテンベルクの活版印刷機発明は、ワインの圧搾機から着想されました。

活版印刷機の発明はワイン造りがヒント!?

ヨハネス・グーテンベルク

「近代印刷術の祖」グーテンベルクの活版印刷機は、ぶどう圧搾機からヒントを得て作られたといわれる。

晩年をロワールで過ごした

レオナルド・ダ・ヴィンチ

晩年、王から招かれてロワールに移ったダ・ヴィンチは、研究や絵画制作に加え、ワイン造りも行っていた。

ロワールと宮廷文化

ロワール地方は、百年戦争後に宮廷が置かれてから政治や文化の中心地として栄華を誇った。絶頂期には300もの城があったとされる。ワイン造りもボルドーよりも盛んだったが、宮廷文化の中心がベルサイユに移るにつれ衰退していった。

歴史に学ぶワインビジネス⑤

フィロキセラが変えたワインの世界

Q フィロキセラって何？

A ブドウネアブラムシのこと。
もともとは北アメリカに生息している虫でした

フィロキセラ

Q 誰が持ち込んだの？

A 1860年代初頭、フランスのワイン商が
品種改良のため持ってきた苗が原因に

フランスのワイン商がアメリカからぶどうの木を輸入して自分の畑に植えたところ、次々に木が枯れていき、周辺にも被害が拡大。その後フランス全土に広がり、最終的にはヨーロッパ中で猛威をふるった。

研究しよっと

被害総額、なんと120億円！

19世紀の後半に害虫フィロキセラが蔓延し、ぶどうの木が枯れてしまいました。その被害額はおよそ120億円ともいわれます。

耐性のあるアメリカ系の木を台木にし、接ぎ木をすることで立て直しましたが、ぶどうの品種変更や、被害の少ない地域への移住など、ワイン業界は大きな転換を余儀なくされました。

フィロキセラが大きな害となった理由と対処

フィロキセラによる影響

ロマネコンティは血筋を守った

ブルゴーニュ

味が変わるのを恐れ接ぎ木はしなかった。すべての木を引き抜き、ロマネコンティのぶどうからとった接ぎ穂を使い、外来種を入れずに再生させた。

カベルネソーヴィニヨン、メルロー品種を中心に

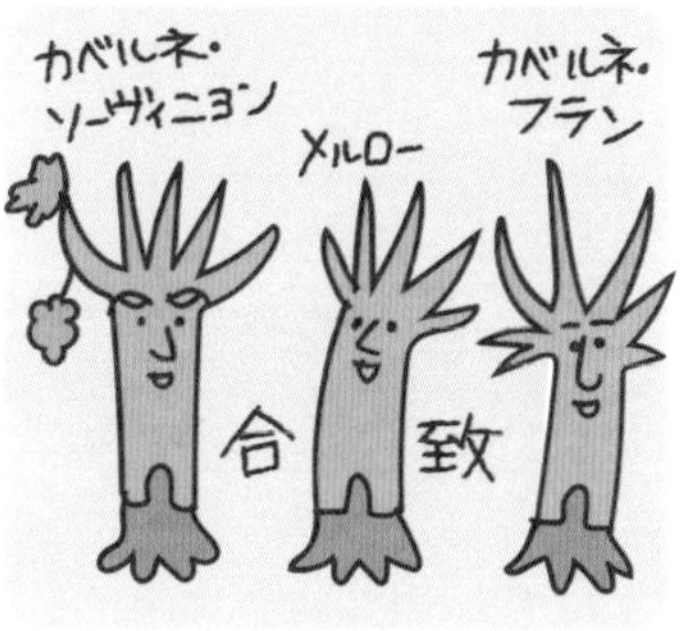

ボルドー

アメリカ系の台木には、高級ワインに向きのカベルネ・ソーヴィニヨン、メルロー、カベルネ・フランの３種が相性がよく、植えかえが進んだ。

害は少なかった

オーストラリア

被害はそれほど拡大しなかった。フランスから輸入した苗を使っていたため、フィロキセラ以前の DNA を受け継いでいるとして需要が高まった。

生産者がチリへ移動

チリ

フィロキセラ発生前にフランス産の苗木が持ち込まれていたことから、本国でぶどうの栽培ができなくなった生産者が移住。チリワインの礎を築いた。

フィロキセラの被害がAOC制定の原因に！

AOCは生産者の権利を守ってくれる法律

フランスワインの質の高さ、国際的なブランド力の背景にあるのは、独自のワイン法AOC（原産地統制呼称）に基づく厳格な管理です。この誕生には、フィロキセラ禍の影響があります。

フィロキセラの壊滅的な被害からぶどう栽培を復興させるまでにはかなりの時間を要し、持ちこたえられずに廃業した生産者もたくさんいました。また、フィロキセラだけでなく、カビ病の流行、第一次世界大戦など、不幸な出来事が立て続けに起こります。

この間に、海外から安いワインが流入したり、国内でも品質を度外視したワイン造りが横行したりするように。このままでは、ワイン産業が衰退してしまう。そんな危機感から生産者たちが声を上げて、国産ワインの品質を守るための法の整備が進みました。

ぶどうの種類や醸造法、名称についての細かい規制は、生産者を縛るためのものではなく、守るためのものなのです。

歴史に学ぶワインビジネス⑥

ピンチはチャンス！ 禁酒法とワイン

ビールは売り上げが下がったのに
ワインは上昇
理由は自然派ワインジュース!?

禁酒法はワイン産業にとってチャンスだった？

１９２０年から１９３３年まで、アメリカでは禁酒法で酒類の販売が禁止されました。ワイン業界にとって大きな試練で、多くのワイナリーが廃業します。

しかし、法の抜け穴を利用し「放置するとアルコール発酵が起こりワインになる」ぶどうジュースを販売するなど、ピンチを工夫で乗り切る者もいました。

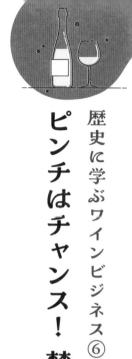

禁酒法時代の抜け穴

①宗教儀式に使うといってワインを生産

教会のミサで使用するワインは、禁酒法時代も唯一生産が認められていた。そのため、一般消費者向けのワインが造れなくなったワイナリーの中には、教会向けのワイン生産に切り替えて生き残りを図ったところもあった。

宗教儀式で
ワインが必要
※この後、スタッフでおいしく頂きました

禁酒法時代にワインは売り上げを伸ばした!

禁酒法時代も人々は法をかいくぐってお酒を飲もうとし、密造や密輸入が横行した。ワインもよく飲まれており、禁酒法制定後、ビールの消費量は約70%減少したのに対し、ワインは約65%増加したという。

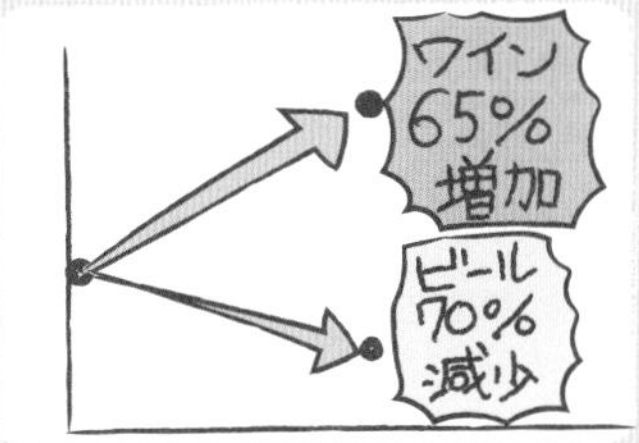
ワイン
65%
増加
ビール
70%
減少

②家庭でぶどうを育てワインを造る人もいた

禁酒法で禁止されていたのは店舗での酒類の販売で、個人が家で飲むのは規制されていなかった。この法の抜け穴を突き、ぶどうジュースを発酵させてワインにしたり、自らぶどうを育ててワインを造る人までいたという。

ワイン

ボジョレー・ヌーボーが盛り上がるのは実は日本だけだった!?

日本が世界で最初に解禁日を迎える

毎年秋になるとボジョレー・ヌーボー解禁の話題を見聞きするでしょう。

日本ではスーパーやコンビニでもプロモーションが行われていますが、実は本国フランスではこれほどの盛り上がりはありません。

そもそもボジョレー・ヌーボーとは、ブルゴーニュのボジョレー地区で造られたワインの新酒（ヌーボー）のことです。

ワインの熟成期間は地区ごとに法律で定められており、ボルドーの場合、赤ワインなら12～20か月、白ワインなら10～12か月の熟成が必要です。しかしボジョレーは早飲みタイプのため数週間で出荷でき、その解禁日が11月の第3木曜日なのです。

日本は、時差の関係で世界で一番早く解禁日を迎えることから、ワイン熱が高まっていたバブル時代に一大イベントになりました。ボジョレーワインは、生産量の約半分が国外に輸出されており、その多くは日本向けです。

Part 3

売れるワインのからくり

売れるワインのからくり①

伝説の権威付けパーカーポイント

評論家からの高評価が権威に

ワインの良し悪しを判断する手掛かりになるワイン雑誌や評論家による評価。中でも最も影響力があるのがロバート・パーカーによる「パーカー・ポイント」で、そこで高評価を得たワインは、瞬く間に価値が上昇します。日本のワイン通販の紹介記事にも「パーカー高得点」というキャッチコピーはよく見られます。

80年代から活躍!
パーカーポイントはワインの基本に!

ロバート・M・パーカー
(1947年～)

アメリカのワイン評論家。もともとは銀行の弁護士だったが、スポンサーをつけずに赤裸々に判断するワイン評価が評判に。100点満点で点数化するわかりやすさも支持され、最も影響力を持つ評論家となった。

点数
基礎 50点
味わい 20点
香り 15点
品質 10点
外観に5点を振り分け

パーカーの評価

50-59点	受け入れがたい
60-69点	平均以下、酸かタンニンが強すぎる、香りがない
70-79点	おしなべて平均的なワイン。 可もなく不可もなく無難である
80-89点	平均を上回る。欠点がない
90-95点	複雑さも持ち合わせる素晴らしいワイン
96-100点	最高級ワイン。手に入れるべき価値のあるワイン

パーカーポイントが力を持った訳

100点満点でわかりやすかった！

100点満点とし、基礎点50点、味わい20点、香り15点、熟成度などの品質10点、外観5点と、内訳も明確化されているので、誰にとってもわかりやすく納得感がある。

ダメなものはダメとはっきり言った

パーカーは徹底した消費者目線で評価を行った。名誉棄損で訴えられたこともあるほど辛辣な評価をすることもあるが、忖度のない正直な姿勢が受けた。

アメリカ人の大好きなはっきりした味覚だった

パーカーポイントで高評価を得るのは、リッチでしっかりとしたパンチのあるワインが多い。アメリカ人の一般的な好みと合致しているため、参考にしやすかった。

ワインを知らないアメリカ人の指標に

ヨーロッパの格付けは専門的すぎて難解と感じていたアメリカ人にとって、同じアメリカ人であるパーカーの言葉は理解しやすかったことから、絶大な支持を得た。

コラム

パーカー100点で価値が爆上がりしたワイン

高得点を狙って味を変えたワインも

少量生産でもともと希少だったルパンは、1982年産がパーカーポイント満点を記録したことで、さらに入手困難となりました。また、2009年に満点を獲得したスミスオーラフィットは、出荷価格が97ユーロから、翌年には234ユーロまで高騰しています。

そのため、高得点を得ようとパーカーの好みに寄せて造るワイナリーも出現。「パーカリゼーション（パーカー化ワイン）」という言葉も誕生しています。

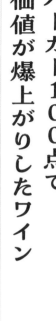

カンタンワイン講座 1 ワインの評価

ワインだけでない
ライフスタイル全体のマガジン

「ワイン・スペクテーター」
Wine Spectator

ワイン・アドヴォケイトと並ぶ著名誌。ブラインドテイスティングで選んだ年間トップ100ワインを年末に発表。

パーカーが創刊
現在ではパーカーポイントではない

「ワイン・アドヴォケイト」
The Wine Advocate

パーカーが1978年に創刊したワイン専門誌。広告は入れず、100点満点で評価する。評価は「WA」と表記される。

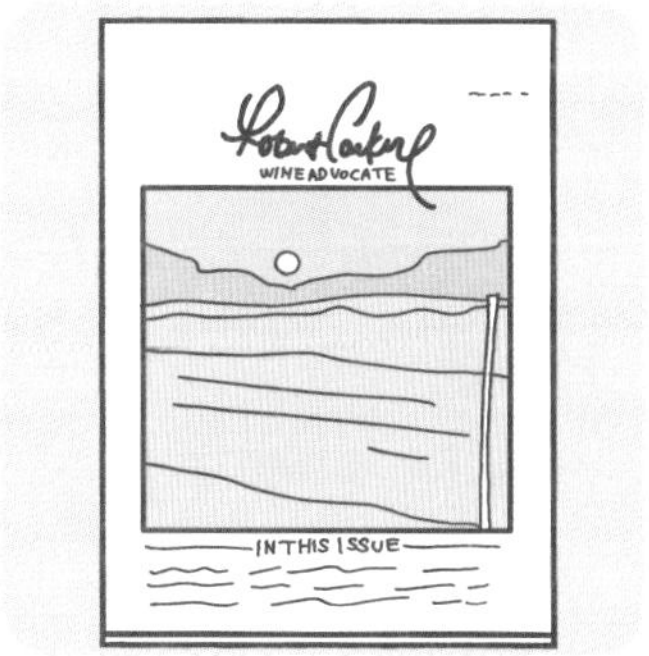

ワインの女王とも
呼ばれる

「ジャンシス・ロビンソンの評価」
Jancis Robinson

女性初のマスターオブワイン（ワイン界の最難関資格）となったイギリスの評論家。王室ワインセラーアドバイザーも務める。

ポケットサイズの
ワインブック

ヒュー・ジョンソン
Hugh Johnson

パーカーと並ぶ著名ワイン評論家。彼が発刊する「ポケット・ワインブック」は、世界中のワインの情報が掲載されており、ワイン愛好家の指標となっている。

オークションハウス
クリスティーズの鑑定家

「マイケル・ブロードベントの評価」
Michael Broadbent

テイスティングの達人として知られる英国の評論家（2020年没）。星5つ（稀に6つ）を満点として採点した。

売れるワインのからくり②

キャッチコピーでワインを売る！

「プロヴァンスのライフスタイルを売る」ロゼの販売戦略

インフルエンサー映え写真

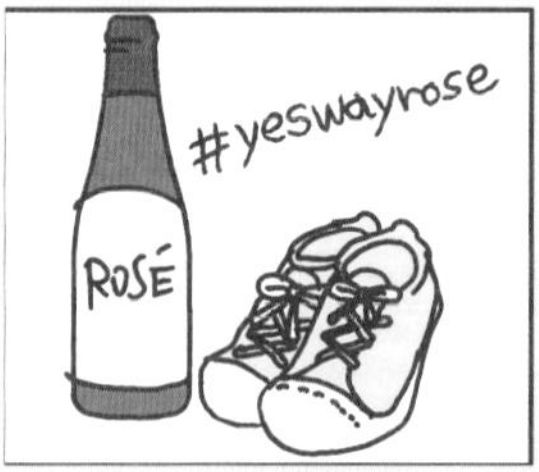

若いインフルエンサーたちがこぞってロゼを楽しむ写真を投稿。ファッションに敏感なミレニアム世代の心を掴み「#yeswayrose」というハッシュタグが流行に。

イメージを刷新して新しい世代で人気に

ロゼワインは、1990年代までは「ブラッシュワイン」「ホワイトジン」と呼ばれ、安価な甘口ワインでした。しかし、若いリッチ層を狙った販売戦略と、フランス・プロヴァンスの優雅なライフスタイルを体現するワインとしてイメージを刷新。そのイメージ戦略でロゼレボリューションを巻き起こしたのです。

ロゼワインの販売戦略

戦略①

ミレニアム世代の女性の心をつかみ、クリスマスやバレンタインのロゼ需要アップ

ファッション誌などのメディアを使って、若い女性に向けたプロモーションを積極的に行った。それまでとは違う新たな層へのアプローチに成功した。

戦略②

ハリウッドスターたちが続々ロゼをプロデュースあのミュージシャンもロゼを！

ブラッド・ピット&アンジェリーナ・ジョリー、ボンジョヴィなどの著名人と手を組んだ商品を発売。話題性を高めて知名度とイメージを引き上げた。

戦略③

高級リゾート地ハンプトンでリッチ層を狙った戦略

トレンドに敏感なニューヨーカーが集まる高級リゾート地ハンプトンでプロモーションを行い、憧れのライフスタイルとともにロゼを浸透させた。ハンプトンは東のハリウッドともいわれる。

「スペインのシャンパン」で一世を風靡
カヴァ(CAVA)

1872年

シャンパーニュ地方を視察したラベントス氏が、スペインに帰国後、同じ手法で発泡性ワインを造ったのがカヴァの始まり。その後、フィロキセラ被害もあり、発泡ワイン用の白ぶどう栽培が広がる。

第二次世界大戦後

スペインのシャンパンとして人気を集める

「スペインのシャンパン」というキャッチコピーでヨーロッパ中で人気となる。

第二次世界大戦後、売り上げを伸ばすがフランスから訴えられる

暗い地下で熟成されていたことから洞窟という意味のカヴァになる

戦後にカヴァと名を改め、製法についての規制も制定。現在は、シャンパンと同様の伝統製法に則ったものだけが認められるように。

シャンパンと同じ製法のもののみカヴァと名乗れる今ではシャンパンを凌駕する勢い

シャンパンを凌ぐ人気ワインに成長

スペインのカタルーニャ地方を中心に造られているカヴァは、シャンパンと同じ製法で造られる瓶内発酵による発泡性のワインです。

第二次世界大戦後に「スペインのシャンパン」の名でアメリカやヨーロッパへ輸出すると、そのキャッチーさから一気に知られるようになりました。

その後、フランスの抗議で名前の変更を余儀なくされたものの、人気は継続。年間約2億本も販売され、2022年の売り上げは史上最高となっています。

カンタンワイン講座 2 発泡性ワイン

①シャンパーニュ方式

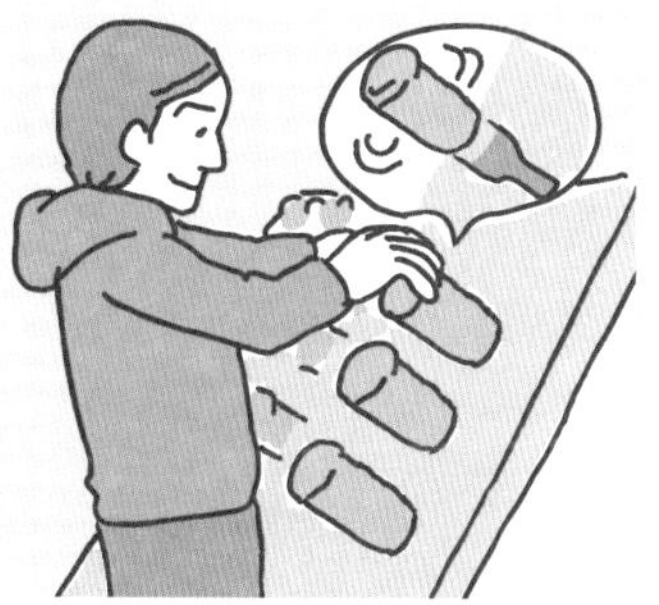

ワインに糖分と酵母を加える

↓　瓶詰め

瓶内で二次発酵→熟成

ワインをボトルに詰めた後、酵母とショ糖を加えて密閉し、二次発酵させる伝統的な手法。発酵に時間がかかり、1本ずつ澱を取り除くなどの手間もかかるが、きめ細かく持続性のある泡を作ることができるとも。シャンパンやカヴァはこの方式。

②シャルマ方式

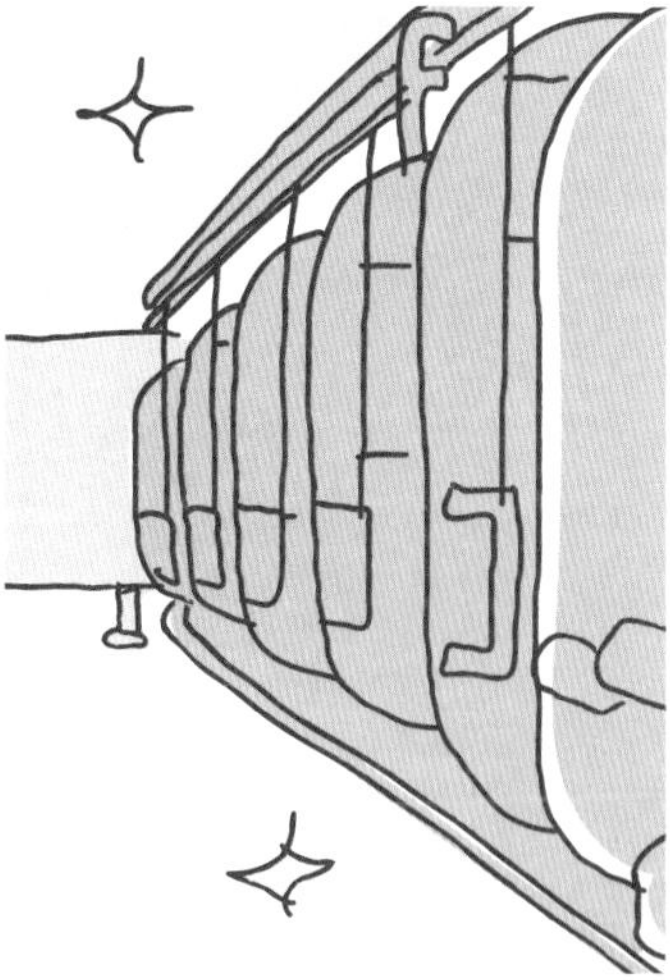

ワインに糖分と酵母を加える

↓

タンク内で二次発酵

↓　瓶詰め

熟成

瓶ではなくタンクで二次発酵させる手法。シャンパーニュ方式と比べ、一度にたくさん造ることができるのでコストを抑えられる。また、短時間でできるのでぶどうのアロマを残しやすいというメリットもある。「シャルマ」は発明者の名。

③炭酸ガス注入方法

アルコール発酵から熟成

↓

タンク内に炭酸ガスを注入

↓

瓶詰め

発酵で泡を作るのではなく、炭酸ガスを注入して人工的に泡を作る方法。二次発酵がないので、原酒の風味を変えずにスパークリングにすることができる。シャンパンでは認められておらず、大量消費用のワインに多い。

コラム

世界でもっとも高貴な発泡酒、シャンパンの売り方

品質管理を徹底し他と一線を画す

フランスワインの中でも、とりわけ徹底したブランド管理を行っていることで知られるシャンパン。シャンパンと名乗ることができるのは、シャンパーニュ地方で造られ、ぶどうの品種、熟成期間などの決まりをすべて満たしたものだけです。

　こうした厳しい基準が特別感を生み、高貴な酒として愛されてきました。皇帝ナポレオンの名言しかり、代々のロシア皇帝やチャーチルも大のシャンパン好きとして知られています。

シャンパンの販売戦略

❶徹底したブランド管理

シャンパンと名乗るための規定を定めることで、劣化版や粗悪品が出回るのを阻止。ブランドイメージを守っている。海外商品にも目を光らせており、日本の「シャンパン（シャンペン）サイダー」にも名称変更を要請。

❷品質管理を厳しく行う

炭酸の注入やタンクでの発酵による発泡は認めず、瓶内二次発酵に限るなど、収穫、圧搾、発酵などの製造方法にも細かい規定を設けている。そのため、一定の品質を満たしたものしか流通せず、高級なイメージ維持につながっている。

ナポレオン
結局飲むのかーい
シャンパンは戦いに勝ったときに飲む価値があり負けたときは飲む必要がある！

シャンパーニュ地方で造られ、規定を守ったものしかシャンパンと名乗れない!

シャンパーニュ産以外の名称使用は全面的に禁止。ソフトドリンクや香水であっても認めないほど徹底している。

古代ローマ時代の石の採掘場で熟成を行う

古代ローマ時代の採掘場だった巨大な地下洞窟で熟成させる。12℃程度と、熟成に適した温度が保たれる。

ラベルに記載されたNMとRM

シャンパンのラベルには、工程や製造方法などを細かく記載することが義務づけられています。小さく書かれている「NM」「RM」とは、それぞれの生産者がどんなぶどうを使用しているかなどを表す記号です。

NMとはネゴシアンマニピュランのこと。栽培業者から買ったぶどうを使用していることを意味します。モエ・エ・シャンドン、クリュッグなどが該当します。

RMはレコルタンマニピュランのことで、自社所有の畑のぶどうを使用しているという意味です。小規模ワイナリーに多い手法です。

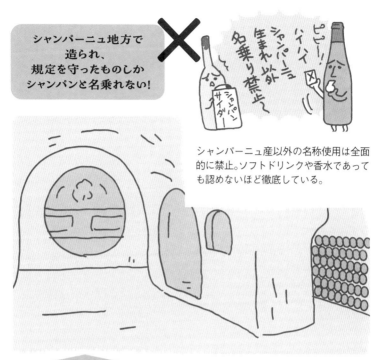

コラム

イギリスからの支持は売れるワインの必須条件

王室主宰ディナー
みんな～このワインおいしいっしょ？
え？169本も飲んだの？
イギリス初代首相
これめっちゃおいしい
たくさん買うよ～

イギリスの1960～1961年の王室主宰の晩餐で、シャトー・オーブリオンを169本購入したという記録がある。

イギリスの初代首相、ロバート・ウォルポール卿がシャトー・マルゴーを大量購入。エリートはボルドーワインというイメージがつく。

消費国としてワインを発展させた

ワイン造りは盛んではないイギリスですが、実は消費量は世界でもトップクラスです。日照量が少なく土地がやせているため、自国で造るのが難しく、古くから周辺国のワインを輸入してきました。

イギリスの王侯貴族たちはある意味ワインの大口顧客だったため、生産国はイギリス市場の支持を得るべく奔走しました。ボルドーやシャンパーニュのワインも例にもれません。消費国としてワイン文化の発展に寄与してきたのです。

イギリス、フランス、スペイン、ポルトガルの関係

イギリスはやせた土地でワインになるよいぶどうが育たない

フランスよりも緯度が高いイギリスは、寒冷で、じゃがいもや穀物以外の作物栽培が難しいやせた土地だったこともあり、ぶどう栽培は困難だった。

ボルドーは中世の頃イギリス領だった

イギリスとフランスは領土争いをしてきた歴史があり、中世の一時期、ボルドーはイングランド領に。ボルドーワインのイギリスへの輸出が拡大するきっかけになった。

ポートワインはイギリス商人のアイデアでブランデーを足した

フランスとの対立でワイン輸入が難しくなったイギリスは、代わりの輸入元としてポルトガルに目をつけた。輸送中の品質劣化を防ぐためにブランデーを添加するアイデアを出したのは、イギリス商人だといわれている。ポルトガル領で造られるマディラ酒も、ポートワインと同様にイギリス人に愛された。

なるワイン戦略

FRANCE

フランス
厳格すぎるほど厳格な格付けで売る

厳
原産地統制
呼称法(AOC法)
造り方もアレンジしない
ダメダメ
ハイ勝手に
名乗らないで
フランス
厳
キミ
宮廷料理と
合わないから
ダメ〜
ぶどうの品種
100種ほど
厳
厳格

フランスワインの基本は厳格。すべてにおいて細かい規定があり、従わなければ名称は使わせない。

ＡＯＣで国を挙げてブランドを守り、ボルドーやシャンパーニュなどの地域ごとに厳格な格付けを行って、質を維持しています。

2大生産国の異

ITALY

イタリア

ゆるい格付け。土地ごとに進化する

地方ごとの地元意識が強く、その土地の食文化に合わせたワイン造りを大切にしています。格付けはあるものの、フランスに比べてゆるめです。

地方ごとに発展してきたイタリアはゆるさが魅力。さまざまなぶどうが作られその数2000種以上。

売れるワインのからくり③

格付けという名のビジネスモデル

格付けの権威は厳格に運用してこそ

消費者にとって、格付けはワイン選びの基準となります。一方で、生産者にとっては、商品の価値を高めるツールでもあります。

格付けによる権威付けを機能させるには、厳格な運用が欠かせません。そこがゆるくなってしまったイタリアでは、格付けによる質とブランドの担保が難しい側面も。

格付けの実態

国によってその基準はさまざま

**フランス、ドイツ、イタリア、スペインetc
各国で格付けは変わってくる**

フランスの格付けは、ブルゴーニュでは畑ごと、ボルドーではシャトーごと。イタリアの格付けは産地ごとでフランスよりもゆるやか。ドイツはぶどうの糖度で分ける、など国によって違う。

ワインの格付け そのからくり

格付けって素晴らしい！

「このワインは一級品ですよ！」と格付けすることでそのワインのおいしさを保障

市場には無数のワインが存在し、質は玉石混交。格付けという基準があれば、買い手はワインを選びやすくなり、売り手にとっても市場に訴求しやすくなる。

保証するためにぶどうの品種や製造方法など規定をする

恣意的なランキングではなく、使用するぶどうの品種や栽培・選定の方法、醸造方法、熟成条件など、客観的に判断可能な細かい規定を設け、品質を担保。

厳しい規定もありワインがおいしくなることで格付けへの信頼が生まれる

格付けが厳格に運用され、おいしさが保証されると信頼感が増す。また、格付け基準をもとにしてワインが造られるようになり、全体的な品質が向上する。

↓

格付けでワインを選ぶようになる

カンタンワイン講座 3 格付け

赤ワインと白ワインの違いは一体何なのでしょうか。
大きな違いは「使用するぶどうの品種」と
「製造方法」にあります。

フランス

A.O.C.

Appellation d'Origine Controlee

原産地統制名称ワイン

「原産地」を名乗ることができる最上級の上質ワイン。厳しい規定がある。

A.O.V.D.Q.S.

Appellation d'Origine Vin Delimite de Qualite Superieure

原産地名称上位指定ワイン

上から2番目の格付け。法律で定められる地域で生産されたもの。

Vin de Pays

ヴァン・ド・ペイ

地酒

ヴァン・ドゥ・ターブル(テーブルワイン)の中で上級なワインを指す。

Vin de Table

ヴァン・ド・ターブル

テーブルワイン

テーブルワインといわれる、日常的に飲むポピュラーなワイン。

イタリア

D.O.P.

Vino a Denominazione di Origine Protetta

保護原産地呼称ワイン

D.O.C.G.、D.O.C.が一緒になったもの。厳しい規制がある。現在も、D.O.C.G.、D.O.C.の表記も認められている。

Vino

ヴィノ

テーブルワイン

最低の基準はあるが、厳しい規定はない。規定にしばられることがなく、質の高いワインもある。

I.G.P.

Vino a Indicazione Geografica Protetta

保護地理的表示ワイン

元のI.G.T.。産地にまつわる規制がある。現在もI.G.T.の表記も認められている。

ドイツ

Pradikatswein

生産地限定格付け上質ワイン

13生産地をより細分化した地域内のぶどうを用い、糖度で6つに分けられる。

Qualitatswein

生産地限定上質ワイン

13の生産地で造られることが大きな条件。この等級から公的検査番号が付与。

Landwein

地酒

ドイツ産の原料ぶどうの地域を狭めることで地域の個性を出したワイン。

Deutscher Tafelwein

地理的表示のないワイン

ドイツ各地から広くぶどうを集めて造られる、いわゆるテーブルワイン。

糖度が高く甘口のものから高級とされる

① **Trockenbeerenauslese**
トロッケンベーレンアウスレーゼ
貴腐ぶどうで造られた極甘口のワイン。世界三大貴腐ワインの一つ。

② **Eiswein** アイスヴァイン
収穫を遅らせ、自然凍結した状態のぶどうで造る。

③ **Beerenauslese**
ベーレンアウスレーゼ
熟しきったぶどうから造られるワイン。貴腐ぶどうとブレンドすることも。

④ **Auslese** アウスレーゼ
十分完熟したぶどうで造る。アルコール度数は7%以上。

⑤ **Spatelese** シュペトレーゼ
収穫時期を1週間遅らせたぶどうで造る。甘口から辛口まである。

⑥ **Kabinett** カビネット
最も糖度の低いぶどうから造られる。辛口が多い。

スペイン

D.O.Ca.

Denominacion de Origen Calificada

特選原産地呼称ワイン

DO産ワインの中から昇格が認められた、高品質ワイン。

V.P.

Vino de Pago

単一ブドウ畑限定ワイン

特定の村落で他とは違うテロワールを持つ畑から生産されるワイン。

Vino de Mesa

ビノ・デ・メサ

テーブルワイン

格付けされていない畑で生産されたワインなど。

Vino de la Tierra

ビノ・デ・ラ・ティエラ

地理的表示保護ワイン

認定地域内で生産されたブドウを60%以上使用したワイン。

コラム

ボルドーを世界に知らしめたメドックの格付け

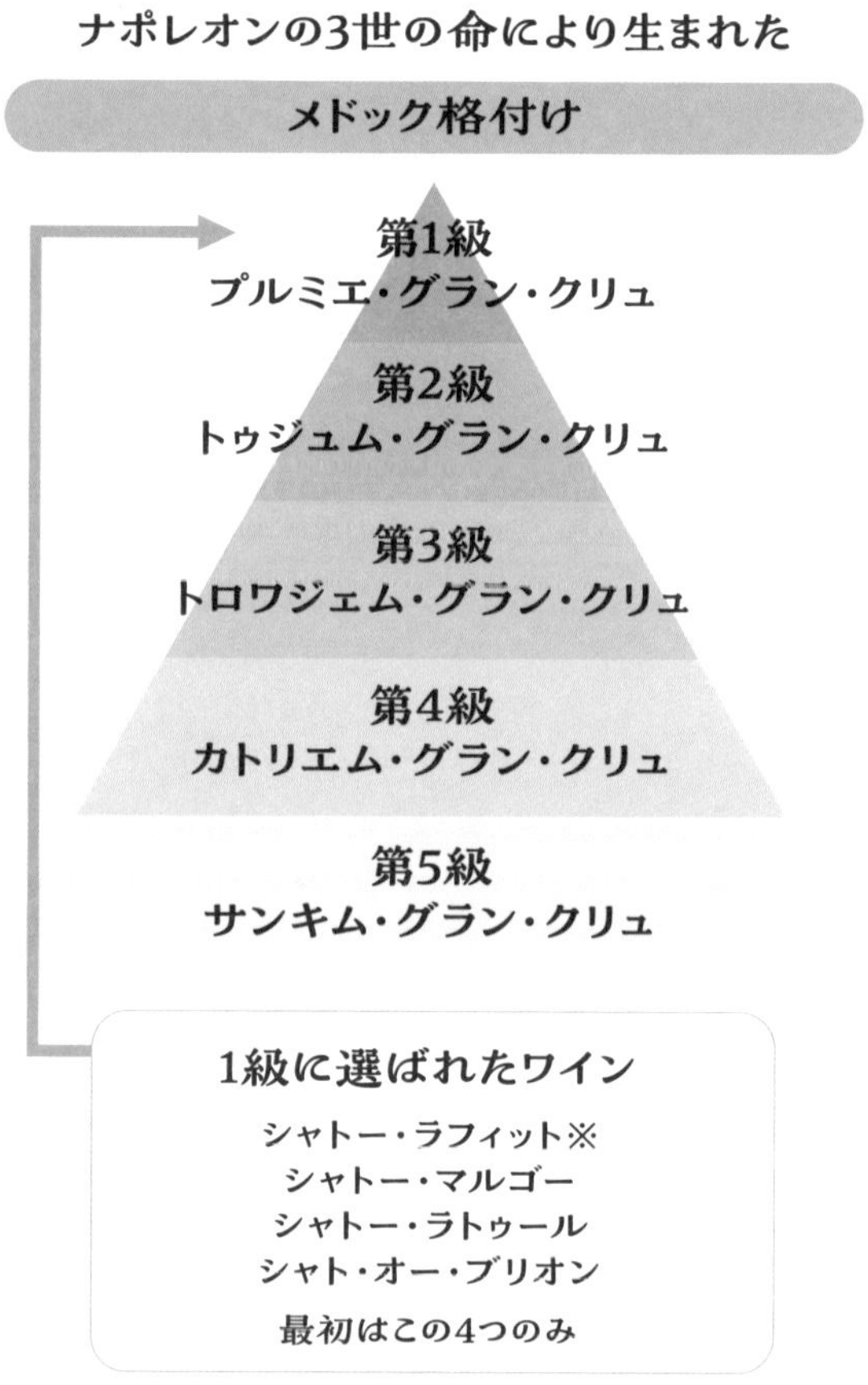

※当時シャトー・ラフィットはロスチャイルド家所有ではなかった。

パリ万博の格付けがボルドーを特別にした

ボルドーが世界に名だたる高級ワインの地として名を馳せた背景に、メドックの格付けがあります。

1855年のパリ万国博覧会で世界の人々にアピールするため、ナポレオン3世の命令で格付けが行われたのが始まりです。この格付けはほとんど変更なく現在まで続き、当時第1級に選ばれた4つのシャトーに加え、1973年に1級となった※シャトー・ムートン・ロスチャイルドを加えた5つが、ボルドーの5大シャトーとされています。

※日本ではシャトー・ムートン・ロートシルトとも表記される。

私的な理由から格付け一級を逃す

シャトー・ムートン・ロスチャイルド

品質も規模も申し分ないにも関わらず1級を逃したのは、イギリス系のロスチャイルド家がオーナーであることに、審査員たちの反感があったからだといわれる。

100年かけて1級になる!

1級を獲得するべく、ぶどうの栽培法や醸造方法の見直し、政治家へのロビー活動などを行い、1973年に昇格することができた。

格付けよもやま話

格付け操作でお騒がせ?

シャトー・アンジェリス

2012年にサンテミリオンの格付けで「第1級特別A」に昇格したが、共同経営者で審査員も務めていたブアール氏が便宜を図ったとされ起訴され、有罪となった。2022年の更新時に格付けから撤退した。

シャトーの完成からちょっと遅くて、2級になれなかった

シャトー・パルメ

シャトー完成までに13年を要し、1855年のメドック格付けに2年間に合わず3級に。現代版格付けでは、5大シャトーとラ・ミッション・オー・ブリオンに次ぐ7位をキープしている。

格付けの資格対象ではないのに一級になった

シャトー・オー・ブリオン

メドック格付けの対象地域外だったが、歴史あるシャトーで、イギリスへの輸出に大きな役割を果たしたという政治的な背景から、例外的に1級に選ばれた。

スイスのワイン商がオーナーゆえ正当な評価が得られなかった

シャトー・ランシュバーシュ

1855年のメドック格付けでは、スイスのワイン商所有の無名シャトーとしてエントリーされたため5級になったが、評論家からは1級に劣らない品質と評価されている。

2つの世界

OLD WORLD

旧世界

ぶどう品種からラベルまで規制だらけ

伝統
雨が降らなくても人工的に雨を降らせちゃダメ
土地の個性が失われるでしょ
キビシ

ラベルにぶどうの品種入れないで産地入れて
産地で品種がわかるから
キビシ〜

伝統国の旧世界（オールドワールド）では、長い歴史の中で積み重ねてきたワイン文化が根付いています。その分、細かい決まりもたくさんあります。

全く異なる

NEW WORLD

新世界

すべてが自由。スクリューキャップもＯＫ！

大航海時代以後にワイン造りが伝わった新世界（ニューワールド）は、新しい発想で、伝統的にとらわれない自由なワインを生んでいます。

コラム

旧世界と新世界の地位が逆転!?
パリスの審判

新世界ワインの台頭のきっかけとなった

フランスやイタリアなどの伝統国からは格下に見られていた新世界ワイン。通称「パリスの審判」がその評価を覆します。

1976年、フランスワインとカリフォルニアワインのブラインドテイスティングがパリで行われました。当然フランスが圧勝するだろう、という大方の予想でしたが、1位になったのは赤白ともにカリフォルニアワインだったのです。この結果が、新世界ワインの地位を一気に引き上げることになりました。

パリスの審判の順位

白ワイン

1位	シャトー・モンテレーナ (米)
2位	ムルソー・シャルム ルロー (仏)
3位	シャローン・ヴィンヤード (米)
4位	スプリング・マウンテン・ヴィンヤード (米)
5位	ボーヌ・クロ・デ・ムシュ ジョセフ・ドルーアン (仏)
6位	フリーマーク・アベイ・ワイナリー (米)
7位	バタール・モンラッシェ ラモネ・プルードン (仏)
8位	ピュリニィ・モンラッシェ・レ・ピュセル ドメーヌ・ルフレーヴ (仏)
9位	ヴィーダークレスト・ヴィンヤーズ (米)
10位	デイヴィッド・ブルース・ワイナリー (米)

赤ワイン

1位	スタッグス・リープ・ワインセラーズ (米)
2位	シャトー・ムートン・ロスチャイルド (仏)
3位	シャトー・モンローズ (仏)
4位	シャトー・オー・ブリオン (仏)
5位	リッジ・ヴィンヤーズ・モンテ・ベロ (米)
6位	シャトー・レオヴィル・ラス・カーズ (仏)
7位	マヤカマス・ヴィンヤーズ (米)
8位	クロ・デュ・ヴァル・ワイナリー (米)
9位	ハイツ・ワインセラー・マーサズ・ヴィンヤード (米)
10位	フリーマーク・アビー・ワイナリー (米)

旧世界と新世界のラベルの違い

旧世界のエチケット（ラベル）

年数表示、
地域名格付けを表記
ぶどうの品種は
書かれないことが多い

旧世界のラベルで最も大きく書かれているのは原産地名。その他に格付けや生産者名、ヴィンテージなどが書かれている。ぶどうの品種は書かれないことが多いので、初心者には味の想像が難しい。

新世界のエチケット（ラベル）

ぶどうの品種を
大きく表示
ワイナリー名もきっちり
記載されている。

旧世界のラベルは、誰が見てもわかりやすようになっているのが特徴。ぶどうの品種が大きく書かれている。単一のぶどう品種を使用することが多いが、ブレンドしている場合には、使用比率順で記載される。

売れるワインのからくり④

ラベルのデザインで評判を取る

毎年ラベルが変わる「シャトー・ムートン・ロスチャイルド」

毎年デザインを変え、ピカソ、シャガール、フランシス・ベーコンなど一流アーティストが描いたものを出している。イラストは2000年のボトルで、金箔仕立てで直接彫刻。

ロマンチックをラベルで表す「カロン・セギュール」

オーナーだったセギュール伯爵自身がデザイン。ハートマークは伯爵のシャトーへの愛情を表している。バレンタインデーのワインとして人気がある。

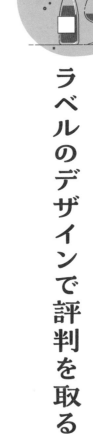

購買意欲を高めるデザイン

パッケージデザインは商品の売り上げを左右する大きな要素です。ワインの場合はラベル（エチケット）がそれに当たり、単に商品情報を記載するだけではなく、さまざまな趣向が凝らされています。

たとえば、ワイナリーの理念や歴史を象徴するようなイラストを描いているところもあれば、スタイリッ

宇宙で飲むようデザインされたシャンパーニュ

シャンパンメゾンのマムが、アメリカの宇宙旅行会社と組んで「宇宙で飲める」シャンパンを発表。無重力空間でも飲めるボトルデザインとなっている。

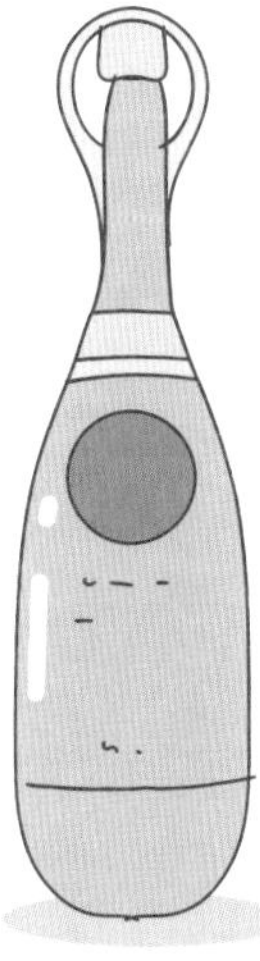

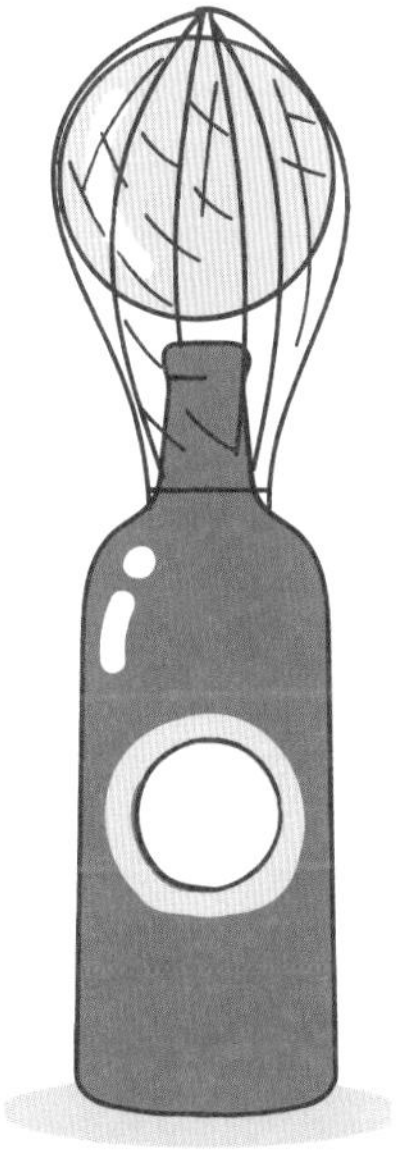

毎年限定ラベルを出すオルネライア「ヴァンデミア・ダルティスタ」

2009年から毎年、その年のワインの特徴に合わせてアーティストが描いた限定ラベルを発売。収益金はすべてアートプロジェクトに寄付されている。

彫刻のようにエレガントで美しい「ハーランエステート」

カルトワインの中でも最高峰といわれる実力派は、ラベルデザインにも趣向を凝らす。19世紀の彫刻にインスパイアされオーナー自らデザインした。

シュでデザイン性の高いラベルを採用しているところもあります。

また、特徴的なデザインが、特定の需要につながることもあります。ハートマークが印象的なカロン・セギュールは、恋人への贈り物や、バレンタインデーなどのイベントで飲むワインとして有名です。

他にも定期的にラベルを変えたり、限定デザイン品を出したり、有名アーティストとしてコラボしたりして、コレクター心をくすぐるものもあります。「ジャケ買い」ならぬ「ラベル買い」の需要を創造するアイデアです。

販売戦略！

BORDEAUX

ボルドー

パワフルな世界の人気者！まさに城（シャトー）

世界的な高級ワインの産地。力強い味わいの赤ワインで知られています。立地を生かして海外へと販路を広げ、王族などのセレブを顧客にしてきました。

対極にある

BOURGOGNE

ブルゴーニュ

エレガントで繊細！牧歌的風景が広がる

修道院とともに歩んできた歴史があり、ボルドーに比べたらワイナリーは小規模。畑ごとの個性を生かしたワイン造りで、ブランドを確立しています。

ボトルの形がなで型

売れるワインのからくり⑤

立地条件のよさで世界に羽ばたくボルドー

14世紀にはイギリスに
1万1000トンを輸出

オランダ商人「ネゴシアン」の力で世界へ

ネゴシアンは
ベルサイユ宮殿にも
営業をかける
いいワイン入ってますよ
パーティーにぴったり
ネゴシアン
あらいいわね
100本いただくわ

ガロンヌ川から船で世界に輸出

ボルドーが高級赤ワインの産地としてのブランドを確立できたのは、ぶどうの栽培に適した優れた土壌に加えて、大西洋へと流れ込むガロンヌ川のおかげです。完成したワインを船でスムーズに輸送できるため輸出に有利で、14世紀にはすでに、1万トンを超えるワインをイギリスへ輸出していました。

大西洋に面した ボルドーは 何しろ運びやすい

ガロンヌ川は十分な川幅、水深があるため大型船の航行が可能で、大西洋からの海外輸出にもってこいだった。河川沿いに建てられた醸造所や貯蔵庫からすぐ運搬できるため、ワインの劣化や酸化を抑えられるのも強み。

王室の人々に 愛され、それゆえ 価値が上がった

イギリスのロイヤルファミリーやベルサイユ宮殿の貴族たちから愛されたボルドーワイン。王の愛妾であるポンパドゥール婦人やデュ・バリー婦人らが、人気シャトーのワインを競うように所有していたという。

ナポレオン3世の格付け

いったんは貴族たちが畑を手放すが後に買い戻す

高価なボルドーワイン好きは民衆の不満をあおりフランス革命の一因にも

その後、世界中で貿易を行っていたオランダ商人が「ネゴシアン」として営業、販売を行ったことで、その販路はヨーロッパ中へと拡大します。ベルサイユ宮殿はもちろん、各国の王侯貴族に愛され、高級ワインとしての地位を確たるものにしていきました。

コラム

ボルドーの営業マン「ネゴシアン」の功績

ボルドーでのネゴシアンの役割

瓶詰めから販売まで一手に担う

ボルドーでは「ネゴシアン」と呼ばれるワイン商人がシャトーとバイヤーの間に入り、取引を行ってきました。ネゴシアンがシャトーから瓶詰め前のワインを買い取り、輸送、瓶詰め、ラベル貼り、時にはブレンドも行い、マーケティングやセールスを担います。シャトー側によっては、造ってすぐに資金回収でき、ぶどう栽培とワイン造りに専念できるというメリットがあります。

ボルドーには現在でも、約400社のネゴシアンが存在します。

ワインが販売されるまで

ぶどう栽培
↓
ワイン醸造
↓
ワイン熟成
↓
ワイン瓶詰め
↓
ワイン販売

ドメーヌ、シャトー（ぶどう栽培〜ワイン瓶詰め）

ドメーヌは主にブルゴーニュで、シャトーはボルドーで使用される言葉

ネゴシアン（ワイン熟成〜ワイン販売）

※現在では元詰め（シャトーで瓶詰めすること）も多い。

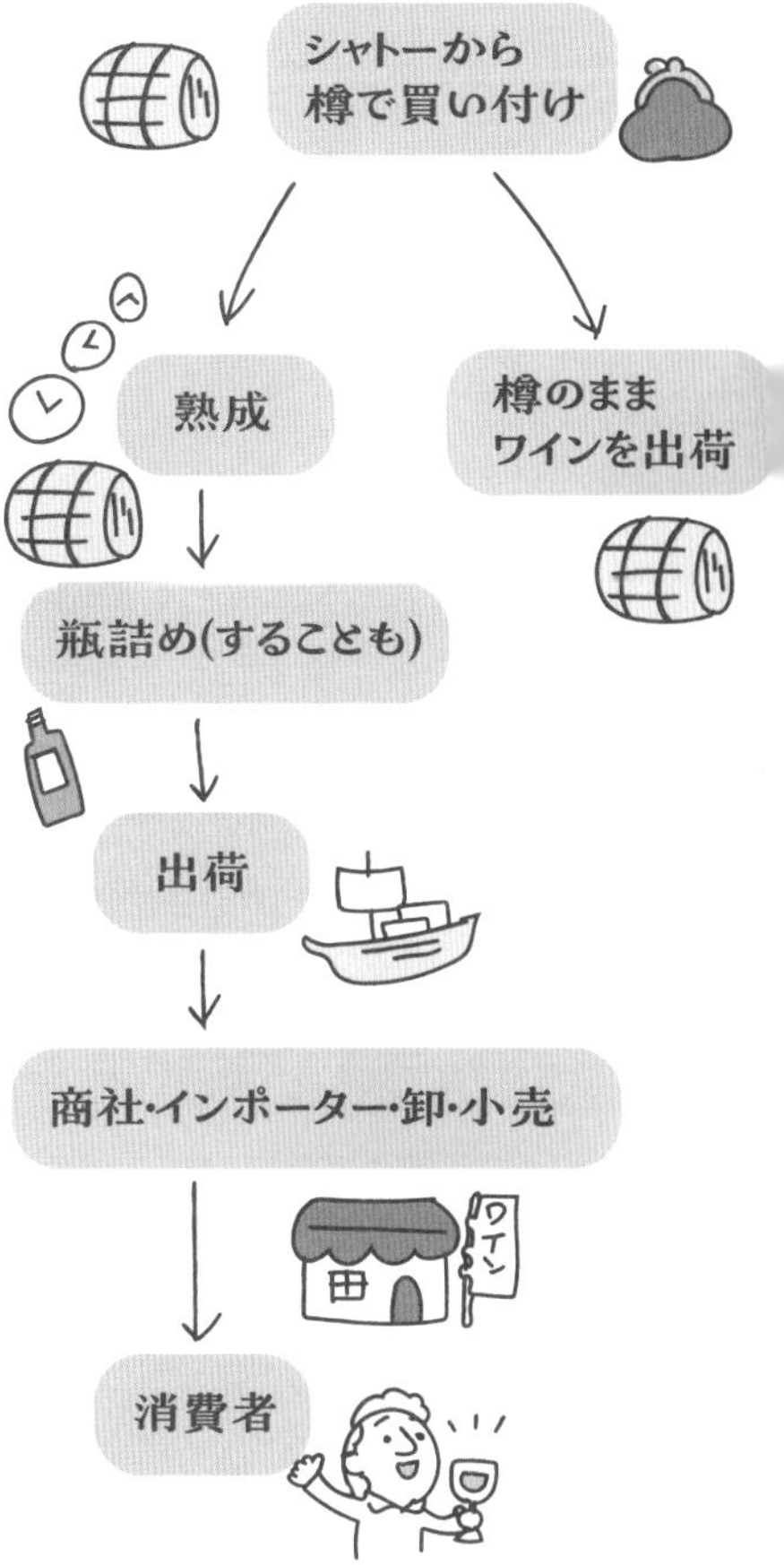

ワインを売るタイミングはさまざま

シャトーで熟成まで行ってからネゴシアンに売却する場合もあれば、熟成の途中の段階で先物取引で売却することも。また近年は、ネゴシアンを通さず、シャトーが直接輸入業者やエンドユーザーにワインを売る場合もある。

ネゴシアンの歴史

ネゴシアンが誕生したのは1620年頃。世界中に販売網をもっていたオランダ商人に、ワイン販売を委託するようになったのが始まりです。顧客である王侯貴族たちがより高品質のワインを求めるようになると、シャトーごとにネゴシアンと独占販売契約を結ぶようになります。こうして、シャトーのブランドが確立されていきました。

コラム

時間がワインの価値を上げる、ボルドー＝長期熟成が魅力

シャトー・ラトゥール

本当の味わいには 15年はかかる長命ワイン

長期熟成向きのものが多いボルドーの中でも長命を誇る。15年以上熟成させてやっと本当の味わいを知れるとも。

味わいも安定

ヴィンテージに関わらず品質が安定していて、日照不足のヴィンテージでも高品質。

シャトー・オーゾンヌ

160年後まで飲み頃が続く ボルドー右岸の別格ワイン

ボルドービッグエイトのひとつ。長期熟成によって真価を発揮し、特に1974年産は162年後まで飲み頃が続くと評価された。

ビッグエイト

ボルドーの5大シャトーにオーゾンヌ、シュヴァルブラン、ペトリュスを加えた8銘柄。

長期熟成がボルドーの価値を上昇させる

ワインは熟成によって味わいが変化します。飲み頃までに10年以上、中には数十年以上とされるものもあります。

商品として販売するまでに長期熟成が必要な場合、売り手にとっては体力が必要です。一方、愛好家にとっては待つ時間そのものが魅力となります。また、時間が経つほどおいしさが増していく＝ワインの価値が上がるようなワインは、投資の対象としても優秀です。時間がワインの価値を上げるのです。

カンタンワイン講座 5 長期熟成

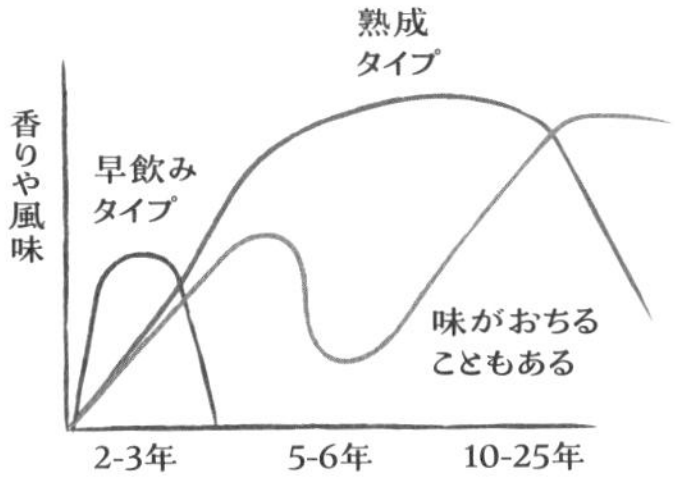

空気が入ることでワインの成分がまろやかに変化していく。

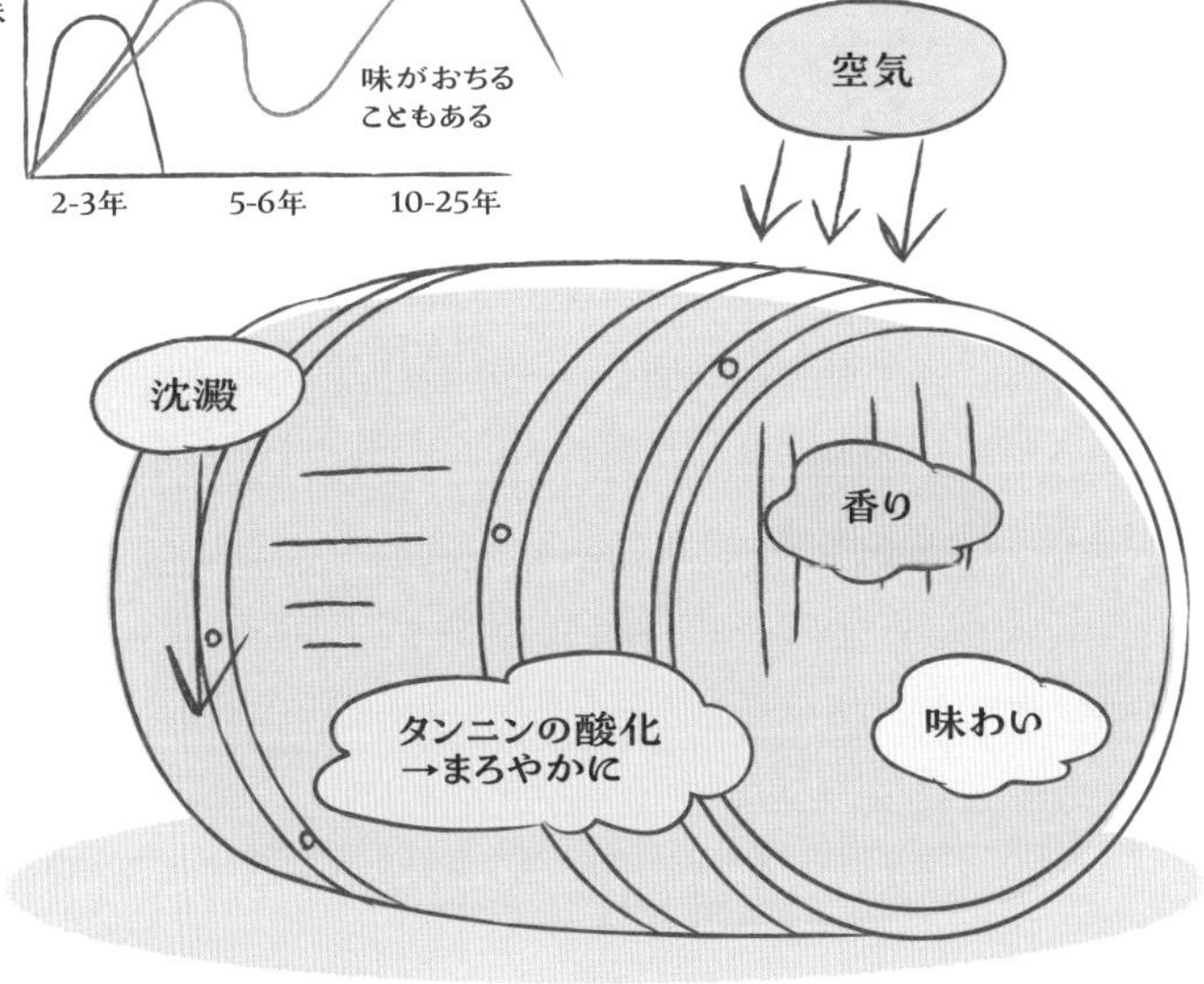

熟成による変化

色素の変化

赤ワイン、白ワインともに、時間が経ち酸化が進むにつれ濃い色へと変化していく。

香りの変化

ぶどう由来のフレッシュな香りから、ナッツやきのこ、腐葉土などのような深い香りに。

味わいの変化

酸味や渋みなどの硬さがとれ、まろやかで口当たりのよい円熟味のある味になる。

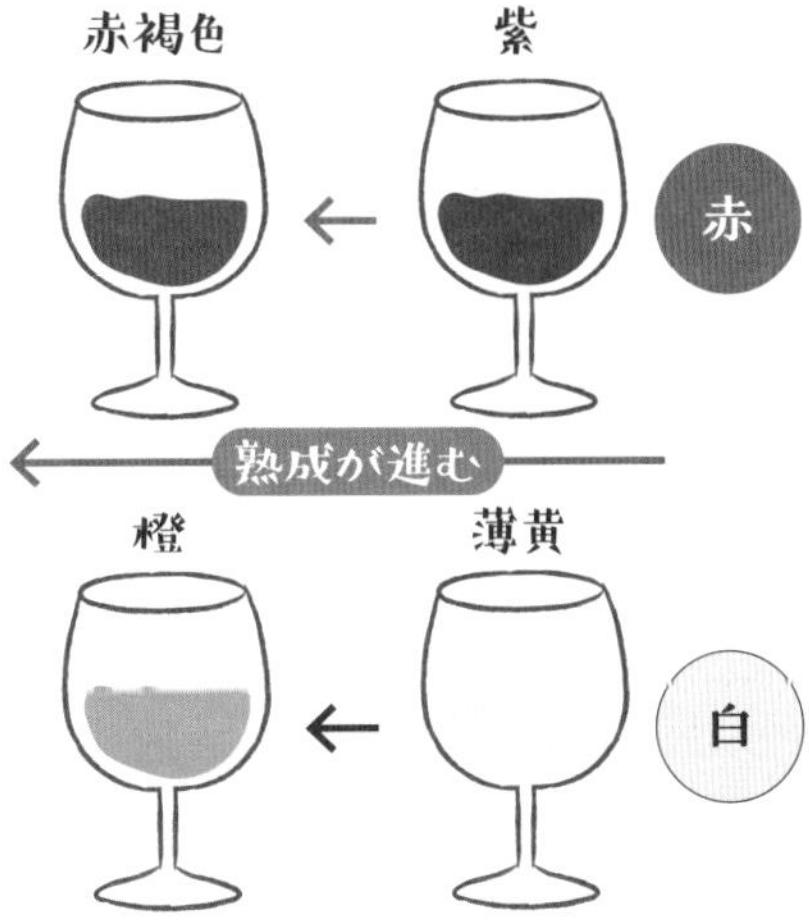

売れるワインのからくり⑥

修道士がワイン造りを導いたブルゴーニュ

教会は調度品や食べ物もいっぱいあるぞ！襲え〜
バイキングにシャンパーニュの教会が襲われる
内陸に逃げろー！
パリ
ブルゴーニュ地方
ボルドー地方
修道士や僧侶たち、教会で働く人々がブルゴーニュへ逃げ込んだ

山奥にあったブルゴーニュはバイキングから逃げるにはぴったりな立地だった。

教皇のアヴィニョン遷都が発展のきっかけに

王侯貴族がシャトーのオーナーであったボルドーとは異なり、ブルゴーニュでは教会の土地で修道士によってワイン造りが行われてきた。14世紀にローマ教皇がアヴィニョンに移ると、ブルゴーニュのワインが重宝されるようになり発展し、宮廷でも愛されるようになった。フランス革命後は、農民に畑が分け与えられた。

ブルゴーニュの領主たちは
ワインを造る修道士たちを
かくまった。
かくまって
あげるよ!
王さま
ありがとう
ございます!
ここなら
バイキングも
こないよ!
安心だ!
お祈りとワイン造りに
励みましょう
どうやったら
おいしくなるかな
おいしいワインの
産地に
フランス革命でワイナリー
を所持していた王侯貴族か
ら、農民たちに畑の所有が
移ったため、小規模なワイ
ナリーが多い。

「クロ」という名前が持つ意味

「クロ・ド・ヴージョ」など、ブルゴーニュの畑の名には「クロ」という言葉が付いたものがいくつかあります。「クロ」は「石で囲われた畑」という意味で、修道士たちが開拓した畑が、境界線を明確にするため高い石垣で囲まれていたことに由来します。この地域と教会との深いつながり、歴史を感じられる名前なのです。

コラム

ブルゴーニュは畑に始まり畑に終わる

もともとは海だったブルゴーニュ
畑ごとにテロワールは異なる

ブルゴーニュの気候と土壌

気候	フランス東部に位置するブルゴーニュは、基本的に冷涼。内陸部のため乾燥している。また、日中と夜間の気温差が大きい大陸性気候で、ぶどう栽培に適している。
土壌	粘土が混ざった石灰質土壌で、シャルドネやピノ・ノワール栽培に適している。かつて海底だったため養分や鉱物が多く含まれているが、土地によって性質差が大きい。

単一品種で造るため年による差が大きい

ブルゴーニュのワインは年によって味に差があるのが特徴です。ぶどうのブレンドが認められていないため、味の調整ができないのが要因です。土壌の性質や日光の当たり具合など、ブルゴーニュは畑ごとにテロワールが大きく違い、同じ品種でも味わいが変わります。ブレンド規制を徹底することで、それぞれの土地の特徴を生かしたワイン造りを行っているのです。ブルゴーニュでは、格付けも、生産者ごとではなく、畑ごとに行われます。

ブルゴーニュの畑の格付け

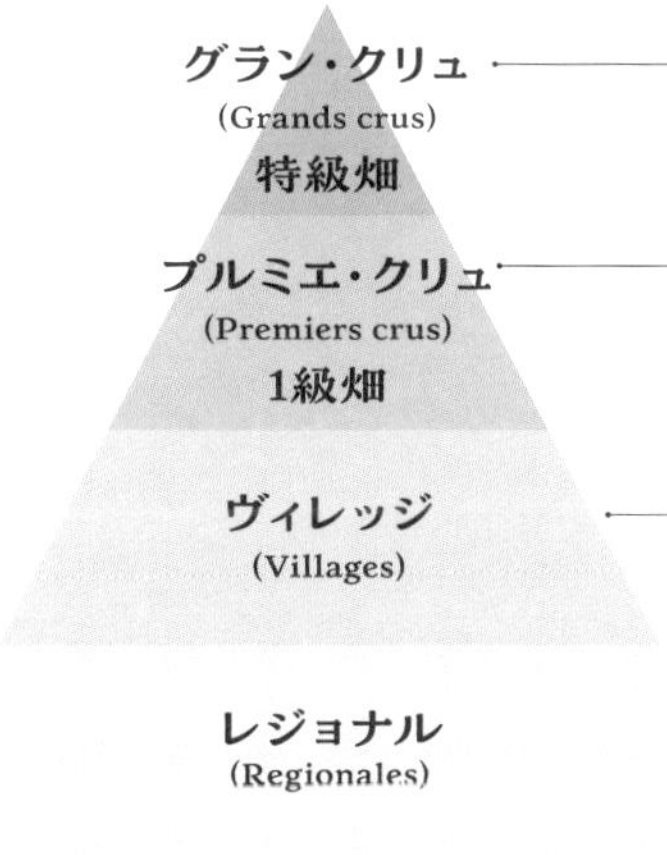

グラン・クリュ (Grands crus) 特級畑：ロマネコンティやモンラッシェなど、ブルゴーニュの畑の1%しか該当しない最高格。

プルミエ・クリュ (Premiers crus) 1級畑：ラベルに記載できるのはプルミエ・クリュ100%もしくはプルミエとグラン・クリュを混合したもの。

ヴィレッジ (Villages)：同じ村でとれたぶどうを使い、なおかつ質をともなったワイン（村内ならブレンド可）。

レジョナル (Regionales)：ブルゴーニュ全域の畑が対象で、ラベルには「ブルゴーニュ」と記載される。

ブルゴーニュのテロワールの例

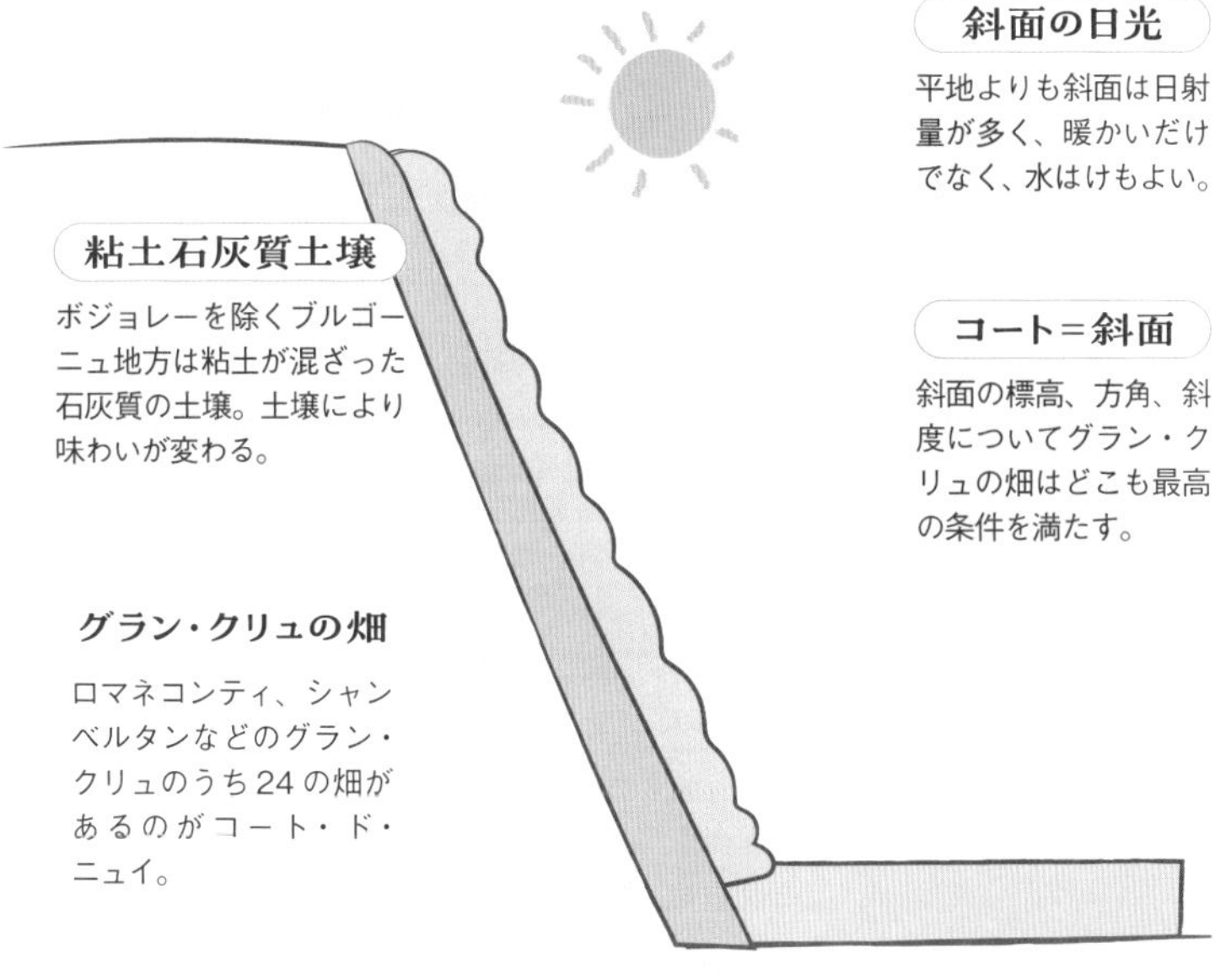

斜面の日光

平地よりも斜面は日射量が多く、暖かいだけでなく、水はけもよい。

粘土石灰質土壌

ボジョレーを除くブルゴーニュ地方は粘土が混ざった石灰質の土壌。土壌により味わいが変わる。

コート＝斜面

斜面の標高、方角、斜度についてグラン・クリュの畑はどこも最高の条件を満たす。

グラン・クリュの畑

ロマネコンティ、シャンベルタンなどのグラン・クリュのうち24の畑があるのがコート・ド・ニュイ。

コラム

神に愛された土地、ロマネコンティの価値の謎

ロマネコンティの素晴らしさ

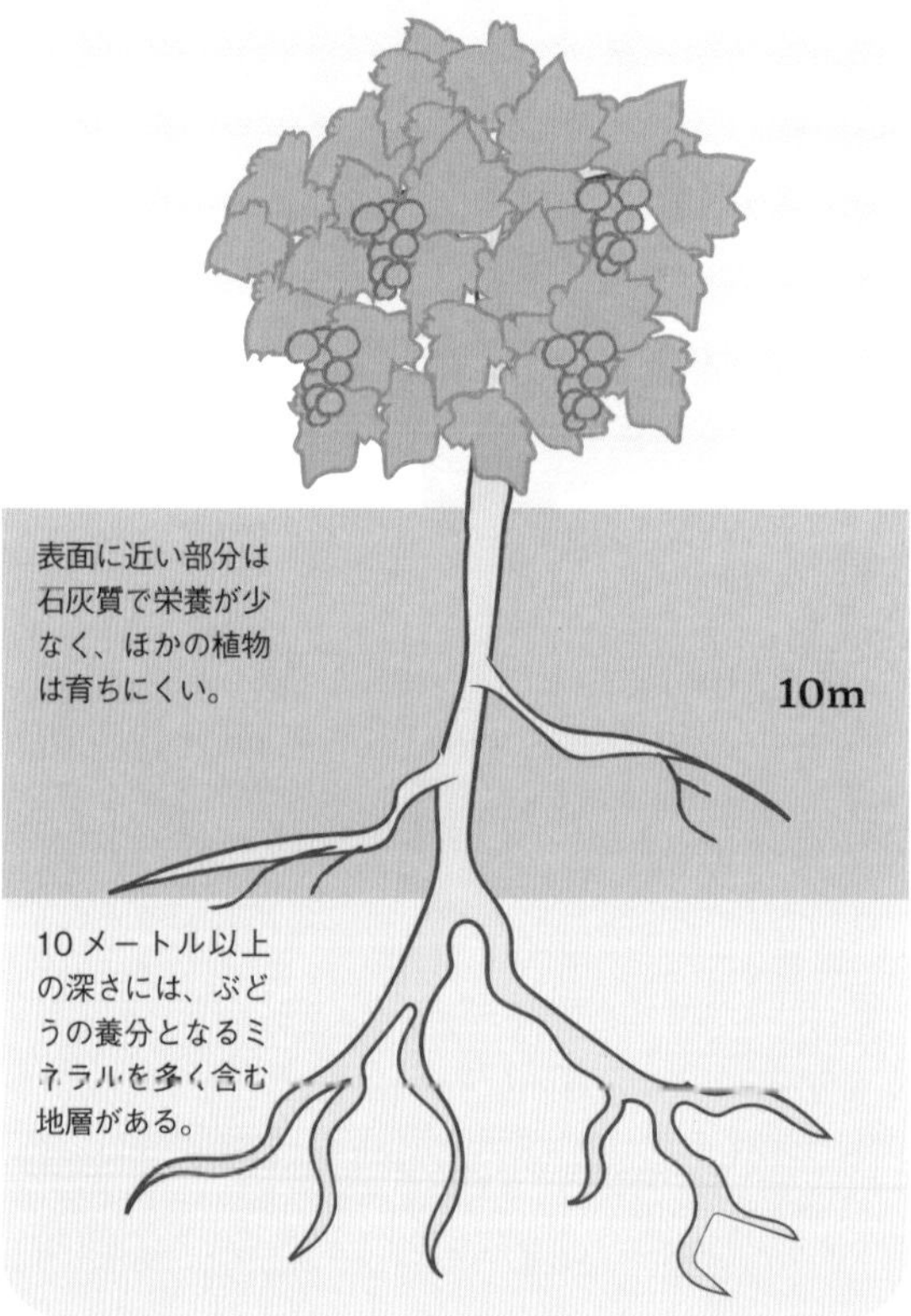
表面に近い部分は石灰質で栄養が少なく、ほかの植物は育ちにくい。
10m
10メートル以上の深さには、ぶどうの養分となるミネラルを多く含む地層がある。

奇跡のように恵まれた土地

高級ワインの代名詞であるロマネコンティもブルゴーニュのワインです。畑のあるヴォーヌ・ロマネは「神に愛された村」と称されています。修道士たちが神に捧げるワインを造るために奮闘した歴史も背景にありますが、奇跡のように恵まれた土地であることも由来となっています。

ロマネコンティの土地は一見やせているようですが、地下の地層には銅やマグネシウムなどのミネラル分が多く含まれています。ぶどうは地中に10メートル

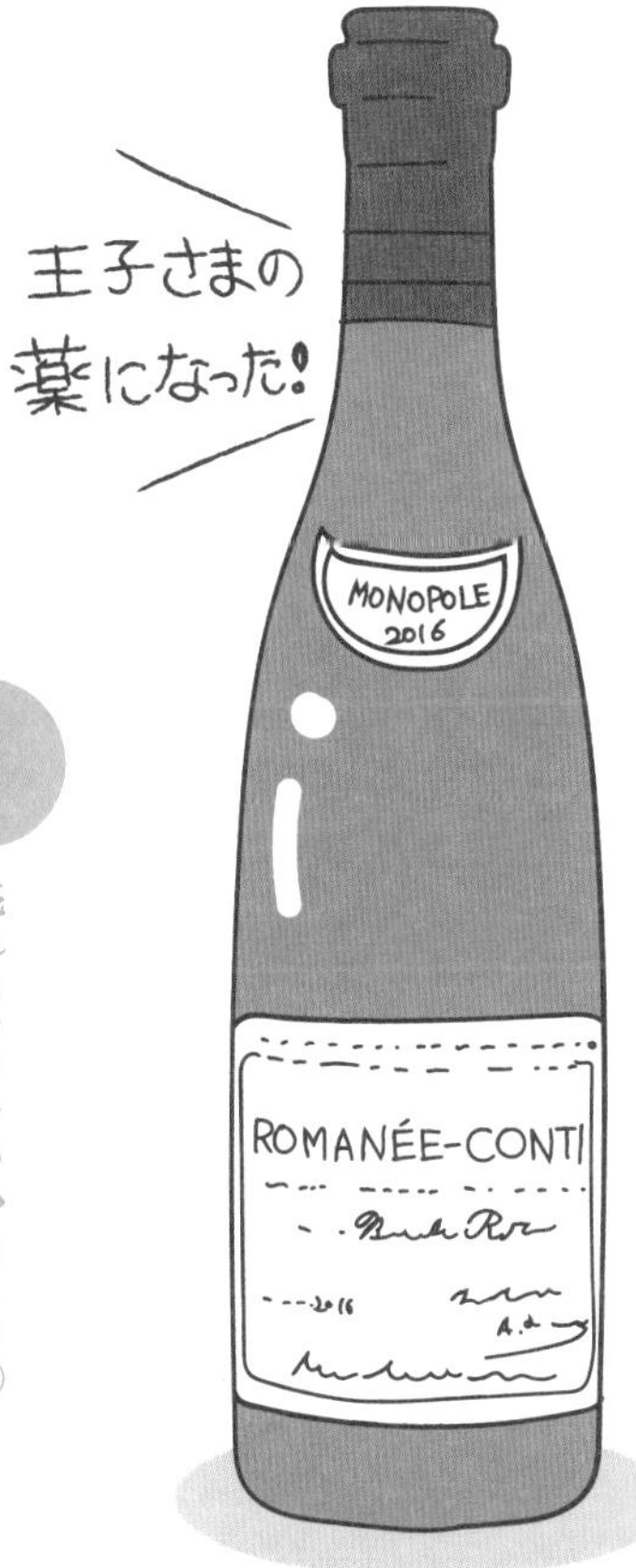

ロマネコンティ秘話

胃腸が弱かったルイ14世
毎日スプーン数杯のロマネコンティを
飲んでいた

主治医のファゴンはブルゴーニュの出身で、薬として毎日ロマネコンティを処方していたという。

ロマネコンティ秘話

フィロキセラにやられたときも
台木は使わなかった

害虫で壊滅的な被害を受けても接ぎ木はせず、紀元前から続く純正のぶどうを守った。

以上の深さまで根を張るため、これらの養分を吸って濃厚な風味となるのです。やや傾斜がついており、日照にも恵まれています。

ヴォーヌ・ロマネにはロマネコンティを含め、8つの特級畑を擁しています。

DRC社のグラン・クリュ

ロマネコンティだけではない
8つの特級畑を所有

ロマネコンティを造るDRC社は、ラターシュ、モンラッシェ、ロマネサンヴィヴァンなど8つのグラン・クリュを所有し、いくつもの高級ワインを生み出している。

売れるワインのからくり⑦ ハイブランドがワインを変える

LVMH（ルイ・ヴィトングループ）の稼ぎ頭 ドンペリの戦略

いい年しか造らない

よいぶどうが育った年しか生産しない、というポリシーを徹底することで品質を維持している。

アーティストと組む

レディ・ガガやジェフ・クーンズなどの有名アーティストとのコラボで話題性を高め、新たな顧客も開拓している。

特別感を出すのがとてもうまい

特別感のあるブランドイメージを演出することで、高級シャンパンとしての地位を確立している。

LVMHの超豪華シャトーアオユンの底力

アメリカでも支持を集めて注目される中国産ワインのアオユンはLVMHグループの一員。LVMHの関係者が中国での生産地探しに奔走し、雲南省の山奥でワイン造りを開始した。理想的なテロワールとされる畑は標高2200から2600メートルに位置し、作業や輸送にコストがかかる。それでも、他にはない中国産の高級ワインとして中国内外の市場で評判を呼んでいる。

中国のハイブランドワイン
AoYun

「シャトー・ラトゥール」がネゴシアンから脱却できたのはグッチグループゆえ

自分で売った
方が利益
でるし

ボルドーの5大シャトーのひとつであるラトゥールは、2012年にプリムール制度からの脱退を表明。ネゴシアンを介した先物取引を行わず、自社で熟成させて販売するスタイルへとシフトした。長い熟成期間中は資金回収ができないが、グッチやイヴ・サンローランなどを傘下に収めるフランソワ・ピノー氏がオーナーとなったことで、ネゴシアンと決別することができた。

ファッションブランドがオーナーになっている

ファッションのハイブランドの多くは、オーナーとしてワイン業界に参入しています。代表的なのがルイ・ヴィトン、セリーヌ、フェンディなどを傘下におくＬＶＭＨ（モエヘネシー・ルイ・ヴィトン）社で、モエ・エ・シャンドンやドン・ペリニヨンがグループの一員です。

ハイブランドの資金力は、ブランドイメージを高めるマーケティングや、資金繰りを気にしないこだわりのワイン造りを可能にしています。

売れるワインのからくり⑧

失敗から学ぶ！キャンティの軌跡

①リカーゾリレシピにより人気を博す

フランスやドイツで最新のワイン造りを学んだリカーゾリ男爵が考案した、キャンティの土壌に合ったサンジョヴェーゼ種中心のブレンドで人気に。

ブレンド比率

サンジョヴェーゼ 70
カナイオーロ 15
マルヴァンナ 15

②なんちゃんってキャンティが出回る

キャンティの知名度がヨーロッパ中で人気になると、キャンティを生産するエリアが広がったり、元々の生産者が手抜きを始めたりして、粗悪品が出回るようになった。

人気すぎて粗悪品が出回った

日本でも80年代に人気を博したキャンティ。その歴史は古く、ルネサンス期には非常に高い人気を誇っていましたが、それゆえに粗悪な「キャンティもどき」が出回り、信頼が失墜してしまいます。そこで、本来の生産エリアで造るものを「キャンティクラシコ」として差別化することで、ブランドを回復させました。

キャンティクラシコの中でも最上位のグラン・セレツィオーネ

キャンティクラシコの最上位として、2014年に新たにグランス・セレツィオーネというカテゴリーが設けられた。自社畑のぶどうのみ、30か月以上の熟成などの厳しい基準を満たす必要があり、全体の5%ほどしか認定されない。

③キャンティクラシコで差別化を図り復活

昔からの生産エリアを「キャンティクラシコ」として境界を定め、粗悪品との差別化を図った。キャンティクラシコはシンボルマークとして「黒い鶏」をボトルにつけている。

信用失墜 ←

差別化で苦境を乗り越えたソアーヴェ

皇帝アウグストゥスも愛飲したとされるソアーヴェは、イタリアを代表する白ワインとして名を馳せました。しかし、生産を拡大した結果、品質が低下してしまいます。1990年代に生産エリアの見直しを行い、基準を満たしたもののみが名乗れる「ソアーヴェクラシコ」を制定することによって、暗黒時代を乗り越えました。

売れるワインのからくり⑨ 希少性がワインの価値を吊り上げる

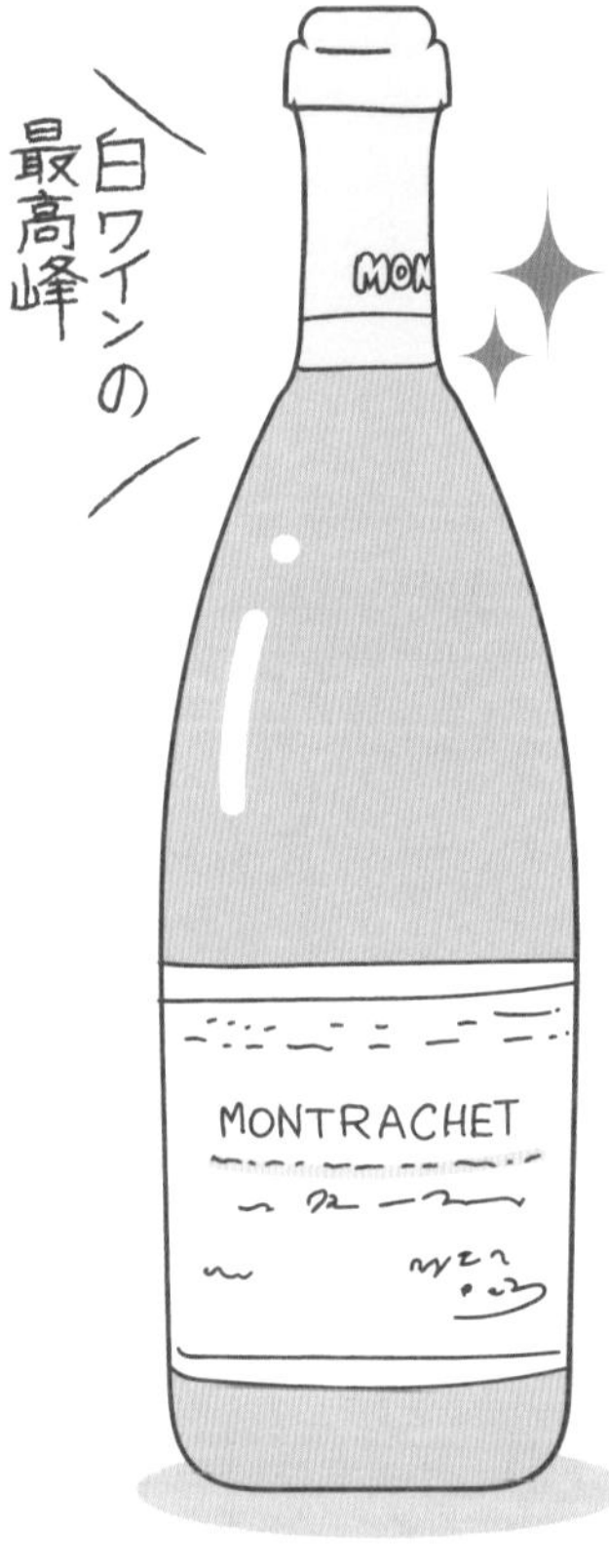

1年に1樽がやっと まさに幻の白ワイン「モンラッシェ・ドメーヌ・ルフレーヴ」

ブルゴーニュのドメーヌ・ルフレーヴの特級畑「モンラッシェ」で造られるワイン。畑は0.08ヘクタールと非常に小さく、1年に1樽しか生産できないため、ほとんど市場に出回らないまさに幻の1本。

たった600本しか造られなかったドメーヌ共同ワイン

収穫量不足に陥った2016年には、モンラッシェを所有する7つのドメーヌが共同で「L'EXCEPTIONNELLE VENDANGE DES 7 DOMAINES」を造った。史上初の共同生産かつ約600本限定で注目を集めた。

手に入りにくいほど価格が上がっていく

人はなかなか手に入らないものに価値を感じるものです。ワインも例外ではなく、ボトル数が少なく、市場にほとんど出回らないものは価格が高騰しやすくなります。

また、思いがけない事件により出荷量が減ったことで、希少価値が出て、かえって人気が高まったケースもあります。

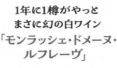

21世紀に入ってわずか5回しか造られていない「サロン・ブラン・ド・ブラン」

単一の村で収穫されたシャルドネだけを使い、出来のよいぶどうがとれた年のみ造るため、最も希少価値の高いシャンパンといわれる。21世紀に入ってからは、わずか5回しか造られていない。

年間1300本しか造られない！「クリスリングランドシラーズ」

年間1300本という生産量の少なさから「オーストラリアのカルトワイン」と称される。1998年、2001年、02年、04年にパーカーポイント100点を獲得しており、「老舗ドメーヌに匹敵する出来」と評論家からの評価も高い。

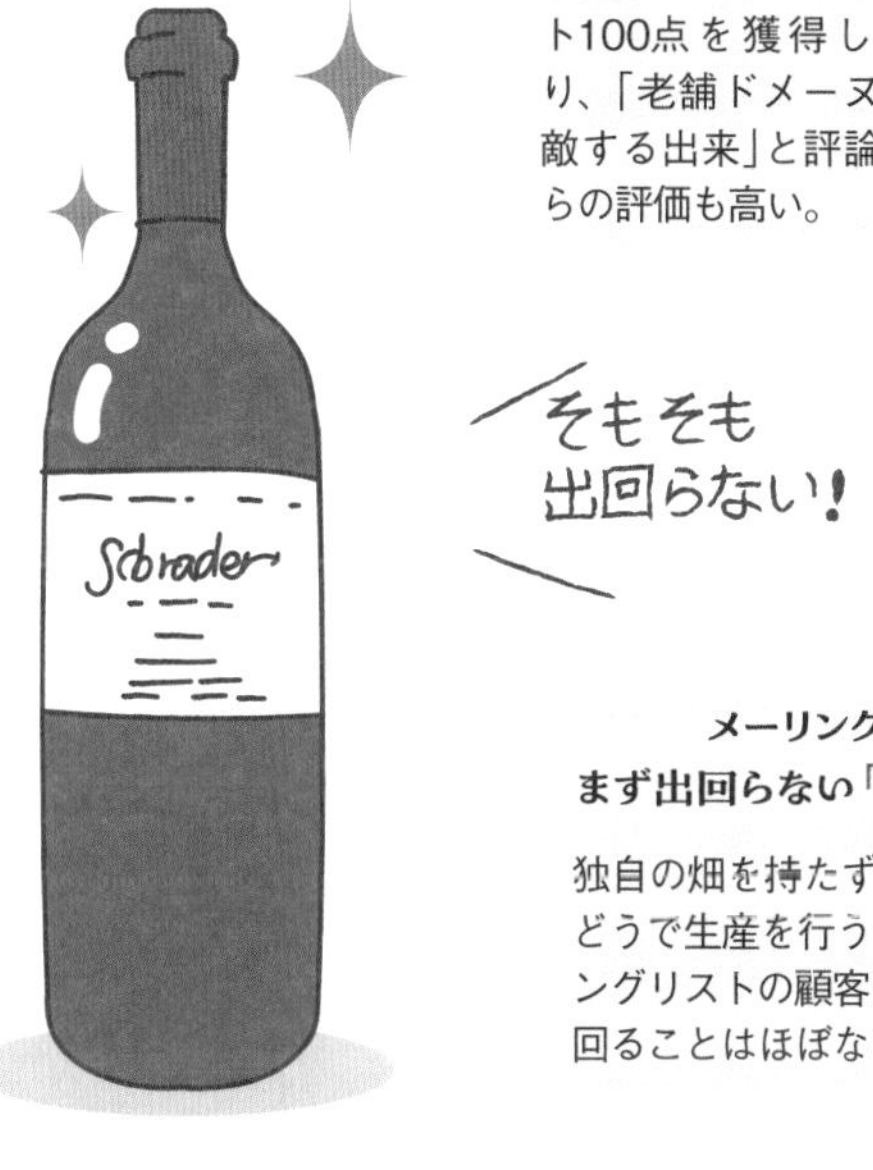

メーリングリストでの直販のみまず出回らない「シュレーダーセラーズ」

独自の畑を持たずに契約業者から買い付けたぶどうで生産を行うシュレーダーセラーズ。メーリングリストの顧客に直接販売するため、市場に出回ることはほぼない。

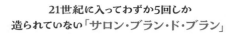

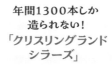

あのマダム・ルロワが
個人所有する畑のぶどうで造る
年間600本しか造られない
「マジシャンベルダン・ドメーヌ・ドーヴネ」

マダム・ルロワが個人所有する畑のぶどうだけで造られる「ドメーヌ・ドーヴネ」の中でも、年間550〜600本しか生産されない超レアな1本。ヴィンテージによっては1本50万円以上の高額で取引される。

マダム・ルロワについては13ページ参照

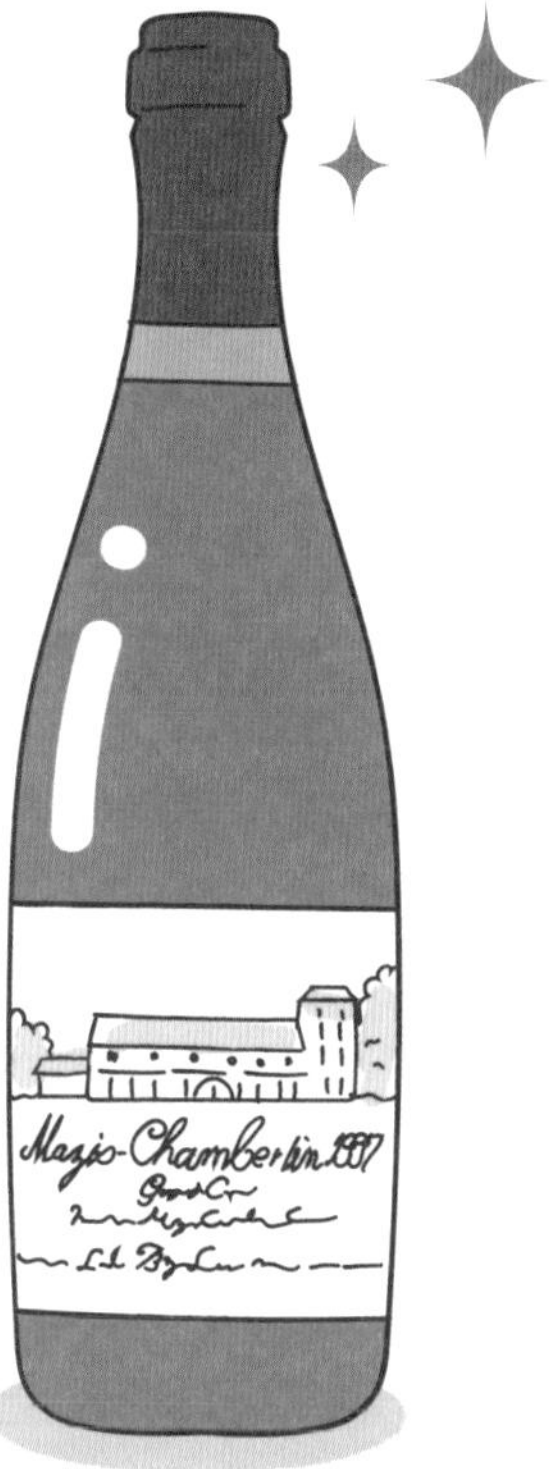
有名オーナーの個人所有畑のワイン

毎年、まったく別のワインを造る!

ラベルからぶどうの比率まで
毎年造るワインを一新!
同じワインを二度と造らない
「シンクアノン」

自社の畑に加えて、さまざまなぶどうをブレンドして造るため、毎年味わいが変わるのが特徴。ワインの名称やラベルデザインも年ごとに一新する。購入権を得るためのメーリングリストは現在約9年待ちとなっている。

不慮の事故で価値が上がったワイン

6年分のワインの樽が
一晩で失われる!
却って人気になった
「ソルデラ・カーゼ・バッセ」

自然栽培・醸造にこだわった高品質のブルネッロで知られるカーゼ・バッセ。2007年から2012年のワイン約8万4千本分が、元従業員によって故意に樽から流出させられるという事件が起こった。大きな痛手となったが、希少性が高まったことでかえって注目を集め、価格も人気も高まるという結果となった。

沈没事件により約2割が
海底に消えたことで価格が2倍に!
「ドミノ・デ・ピングス」

パーカーポイント満点を獲得したデビューヴィンテージだったが、スペインからアメリカに向けて輸送中に船が沈没し、約2割にあたる75ケースが海に沈んでしまった。これにより、価格は200ドルから495ドルにまで高騰した。

沈没船から
引き揚げられたワインが
高値で売買される

1991年に見つかった沈没船マリーテレーゼ号には、ボルドーからサイゴンへと運ばれていたグリューオラローズが積まれていた。100年以上の時を経て引き上げられたグリューオラローズは、オークションで1本約80万円という高額で落札された。

売れるワインのからくり⑩

固定概念から離れてワインを造る

自由な発想で造る スーパータスカン

長い伝統があるワインの世界では「○○のワインならこうあるべき」というルールや固定概念が数多く存在します。しかし、いったんこうした縛りから自由になることで、革新的な商品ができ、価値も生み出されることが。１９９０年代頃から登場したスーパータスカンは、あえてルールを無視したことで成功しています。

スーパータスカンとは

従来の基準にとらわれずに造られた、トスカーナ地方のワインのこと。高品質な味わいを目指し、あえてイタリアのワイン法で定められた品種や製造法から外れた手法を採用している。

①フランスから持ち帰ったボルドー品種の苗をトスカーナの畑に作付け

↓

当時のイタリアではフランス品種の使用は非難の対象

②フランス品種を使用したことで格付けは最下位のテーブルワインに!

そんな非難の声に負けず1967年サッシカイアがデビューする!

「サッシカイア1972」は大賞賛

- デキャンタ誌(イギリス)で、ベスト・カベルネ・ソーヴィニヨンに輝く!
- 1985年産でパーカー100点満点

「地元のぶどうを使用する」という基準を満たしていなかったため、イタリアの格付け上は最低ランクのテーブルワインとなったが、国外で高評価を得た。この成功で、サッシカイアの後に続くワイナリーが次々と現れた。

アメリカ市場で歓迎され、スーパータスカンは大成功を収める

伝統の遵守よりも革新を好む気風のあるアメリカで、好意的に受け入れられた。味わいもアメリカ人の好みにフィットし、アメリカという巨大市場の心をつかんだことで、マーケットでも成功を収めることができた。

フランスのメルロー株100%で造られた「マセット」2001年産はパーカー100点

サッシカイアと並ぶスーパータスカンブームの立役者に、メルロー種100%で造るマセットがある。パーカーポイントで高得点を連発し、特に100点満点を獲得した2006年のものはなかなか入手できない人気ヴィンテージである。

固定概念に縛られないワイン造り

シラーズ種+カベルネ・ソーヴィニヨン種
フランスでは考えられないブレンドで成功を収めた
「グランジ ペンフォールズ」

オーストラリアのペンフォールズは、フランスではご法度のシラーズとカベルネ・ソーヴィニヨンのブレンドで、新しいワインを生み出すことに成功した。

教訓 他の人が考えられないことをする

イタリア本国では
受け入れられなかった
フランス系品種主体の
「ソライア」
アメリカで大絶賛

別銘柄用に造りすぎたカベルネ・ソーヴィニヨンを使って造られたワイン。本国では異端視されたが、アメリカをはじめとする国外で認められた。

教訓 あきらめない心

ピエモンテの土着品種アルネイス種
ネッビオーロ種に押されて下火になっていた
この品種100%の白ワイン
「ロエロ・アルネイス」

下火になっていた土着品種のアルネイスを100%使用したことで、他とは違ったアロマを実現し、結果的に人気を得ることができた。

教訓 人気のないものにこそ人気の芽がある

コラム

アメリカ＋フランス 奇跡の組み合わせ「オーパスワン」の誕生

フランスの1級格付け
シャトー・ムートン・ロートシルト

＋

カリフォルニアワインのナンバー1ブランド
ロバートモンダヴィ社

↓

「オーパスワン・ワイナリー」の誕生

1979年産と1980年産で初リリースを果たす

ロスチャイルドがアイデアを持ちかけてプロジェクトが始動。1980年にオーパスワンと命名された。

↓

2001年ヴィンテージよりマイケル・シラーチが栽培に携わるようになる

オーガニック栽培を取り入れ収穫はすべて手摘みで行うなど、独自の栽培手法をとるようになる。

↓

65%をオーガニック
35%をビオディナミで栽培

↓

2005年独立

栽培、販売、運営の主要３分野において、「オーパスワン」としてモンダヴィ社から完全独立した。

旧世界と新世界を結ぶ記念すべきワイン

フランスのフィリップ・ド・ロスチャイルドと、カリフォルニアワインの先駆者であるロバート・モンダヴィというワイン界の２大巨匠が手を組んで生み出したのが、オーパスワンです。

話題性のある組み合わせと、手摘み収穫し粒の大きさや完熟度などで選別したぶどうで造る品質の高さから、世界中の注目を集めました。旧世界（伝統的なワイン生産国）と新世界（ワイン新興国）とを結ぶ１本です。

売れるワインのからくり⑪

ユニクロ化で大成功したイエローテイル

ライト層が気軽に手にとれるワイン

全世界で10億本も飲まれているオーストラリアのイエローテイルは、ライト層を狙ったマーケティング戦略によって成功を収めました。氷を入れてもＯＫなど、普段ビールやカクテルを飲んでいる人たちに向けて気軽に飲めるがコンセプト。お手頃価格で安定感のある、いわばワイン業界のユニクロ的な存在です。

イエローテイルの戦略

ライト層を狙う! 広告もポップ

ワイン通ではなく、あまりワインに親しんでいないライト層に狙いを絞り、明るくポップなイメージの広告戦略を行った。

気軽に楽しく飲んでよし

ぶどうの品種や熟成、ヴィンテージなどの知識を抜きに、「ただシンプルに、気軽に楽しむ」をコンセプトとして掲げた。

↓

2001年の初リリースで100万ケースの販売数を達成!
今では全世界で10億ケース売れるブランドに

オーストラリアワインのすごさ

スクリューキャップをいち早く導入

従来のコルク栓にとらわれず、開けやすいスクリューキャップをワインで初めて導入した。

ラベルにぶどうの品種を書く

ラベルに品種を記載することを義務づけたのはオーストラリアが最初。わかりやすいと支持された。

純フランス産のDNAを持つぶどうを使用

シラーズやシャルドネなどフランスの品種を主に使い、ヨーロッパ式の醸造法を取り入れている。

スクリューキャップVSコルク栓

開けやすく利便性の高いスクリューキャップですが、当初は「ペットボトルのよう」「安っぽい」「劣化しやすい」といった批判もありました。しかし、適度な通気性があるので熟成に問題がないことがわかり、コルクが原因の酸化を防げる、木材の無駄を防げるなどの利点もあることから、現在では肯定派が増えてきています。

コラム

安かろうまずかろうは古い考え リーズナブルな産地の逆襲

負のイメージを覆す快進撃

リーズナブルなワインの産地として知られてきた地域でも、これまでのイメージを覆す質の高いワインが造られています。

たとえば、ひと昔前までは「安いが味はいまいち」というイメージだったチリワインは、品質が飛躍的に向上し「安くておいしい」ワインへと進化しました。

フランスやイタリアに匹敵する歴史がありながら、品質面では後れをとっていたスペインも、革新的な手法を取り入れ、高品質なワインを生み出しています。

注目される3つの産地

❶ いわばフランスの新世界

ラングドック・ルションのワイン

フランス南部、地中海に面した世界最大のワイン生産地。かつてはブレンド用の薄い赤ワインが主だったが、近年は多様化し、ボルドーの一流品にも負けない高品質なものもある。

→ **恵まれた土地を生かしできる生産者がよいワインを造る**

❷ ブルゴーニュのシャルドネを超える!? ソーヴィニヨン・ブランは安定のおいしさ

ニュージーランドのワイン

ソーヴィニヨン・ブラン種主体のニュージーランド産白ワインは、1980年代から世界的なコンクールで優勝するなど人気を集めるようになり、価格もプレミア化している。

→ **将来性から投資が集まる**

❸ 地元のぶどう品種にこだわらず

少量生産&品質重視のスペインワイン

1990年代頃から「プレミアム・スパニッシュ」「モダン・スペイン」と称される新生ワイナリーが出現。海外品種を使用したり、醸造法にこだわったりと、革新を起こしている。

→ **こだわりの造りで高評価**

チリワインの軌跡

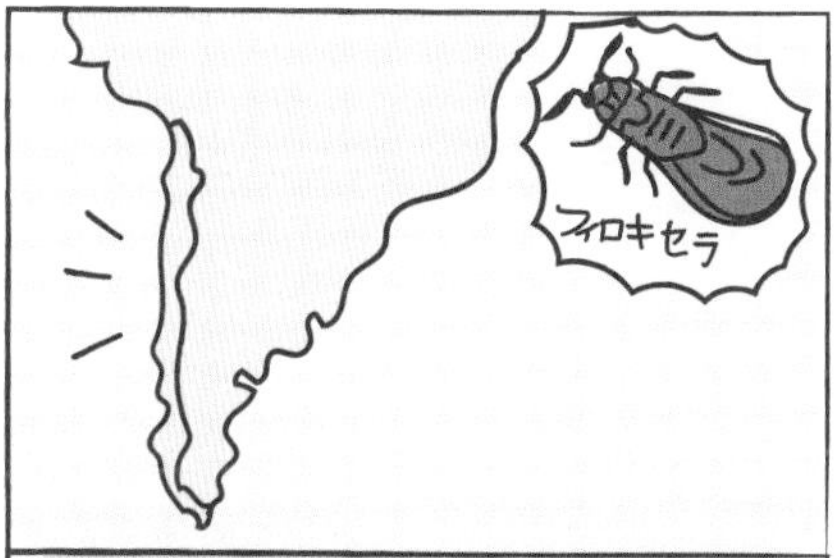

フィロキセラ被害にあった ヨーロッパの醸造家が 新天地・チリで製造を始める

19世紀後半にヨーロッパで害虫被害が蔓延。ぶどう栽培ができなくなったため、当時唯一被害のなかったぶどう産地のチリに、多くの醸造家が渡りワイナリーを設立。

1990年代までの チリワインは 安かろう悪かろうのイメージ

ワイン新興国で技術が未熟であったのに加え、安い人件費でコストを抑えて大量生産するビジネスモデルが広がり、チリワイン＝低品質というイメージも。

フランスの銘醸シャトーが チリへ進出し、 安くておいしいイメージに

広大な土地と販売を持つチリのポテンシャルに目をつけたフランスの有名シャトーが次々進出。醸造技術が向上し、安くておいしいワインへと変貌を遂げた。

オーガニックワインや スパークリングワインなど チリの高級ワインに注目

オーガニック製法の「コノスル」や、ワイン未開拓だったチリ南部で生産し、高評価を得たスパークリング「フェルボール・デ・ラゴ・ランコ」などが注目される。

売れるワインのからくり⑫

経営者の辣腕がワインを光らせる

夫から引き継いだメゾンを経営した

ヒット商品の辣腕経営者の影あり。ワイン史に名を残す経営者にシャンパン産業の礎を築いたヴーヴ・クリコ夫人がいます。

夫の死後シャンパンメゾンを引き継ぐと、ヴィンテージ・シャンパンやロゼ・シャンパンの製造・販売を始めるなど優れた経営手腕を発揮。現在まで続く大手メゾンに発展させました。

ヴーヴ・クリコ夫人が見せつけたさまざまな経営戦略

①ヴィンテージ・シャンパンの発表

1810年、その年に収穫されたぶどうだけを使用して造るヴィンテージ・シャンパンを世界で初めて販売。同年にメゾン名を「ヴーヴ・クリコ・ポンサルダン」と改め、高級ブランドとしてのイメージを作った。

②大口顧客のためなら味も変える

最大の顧客であったロシアの市場を確かにするため、時のロシア皇帝の好みに合わせてシャンパンに大量の砂糖を加えた。極甘シャンパンは見事、皇帝の心を掴むことに成功。ロシアでの売り上げを大きく拡大することができた。

③ピュピトルを発明して透き通ったシャンパンを実現

当時のシャンパンは、ボトル内に沈殿した澱で濁りきれいに泡立たなかった。夫人はピュピトルという板に斜めにボトルを立てかけて澱を取り除く方法を発明。これによりクリアで泡立ちのよいシャンパンが実現した。

④ロゼ・シャンパンを発明

ロゼ・シャンパンは白ワインにベリー由来の色素を混ぜて着色するのが一般的だったが、白ワインと赤ワインをブレンドして造る手法を編み出した。ブレンド法は現在でもロゼ・シャンパンの製造方法のひとつとして用いられている。

ヴーヴ・クリコ夫人

裕福な家の出身で、シャンパンメゾン「クリコ」の長男の元へ嫁ぐも27歳で未亡人に。亡夫の遺志を継ぎ1805年に経営を引き継いだ。女性実業家が珍しかった時代に、柔軟な発想と的確なビジネスセンスで事業を拡大させた。

クリュッグ兄弟の経営戦略

❶マニアックを超えたマニアック

クリュッグのスタンダードワイン「グランキュヴェ」は、6～10 年熟成させたワインを、なんと 120 種以上ブレンド。ブレンド後にさらに 6 年以上寝かせるというほかに類を見ない手法で造られている。

120種以上のワインをブレンドして造る

❷小さな畑のぶどうを使い、生産さえレア

ピノ・ノワール 100％で造るシャンパン「クロダンボネ」は、1995、96、98、2000、02 しか造られていない。さらに生産量も少なく、95 年はわずか 3000 本と希少価値が高く、オークションでは高額で取引されている。

クリュッグ兄弟

クリュッグの地位を確たるものにしたのが、5代目当主で醸造家の兄アンリ、広報・マーケティング担当の弟レミの兄弟。

よい年に少しだけ造る希少シャンパン

「シャンパンの帝王」とも呼ばれる最高級ブランド、クリュッグ。イギリス王室御用達であり、クリュギストとも呼ばれる熱狂的なファンがいることでも知られます。クリュッグ兄弟は、良年のみ、超少量生産でこだわりのワインをリリース。その希少性がマニアを熱狂させました。

坂本龍一氏は、2008年ヴィンテージのクリュッグ・シャンパーニュのテイスティングから着想を得て、交響曲を作曲していました。

この経営者だからよいワインになる!

毎日ぶどう畑に行く ペトリュスのクリスチャン・ムエックス

社長自ら、毎日畑に足を運んでぶどうの状態をチェック。醸造責任者としてワイン造りに情熱を注ぎ、高い品質を実現している。

雇客のために常識を変える ルイ・ロデレール

暗殺を恐れていたロシア皇帝アレクサンドル2世の「毒を盛られないよう透明なボトルを」という要求に応え、ロシア宮廷御用達のシャンパンに。

大胆な設備投資でマルゴーを 立て直したコリーヌ女史

長い歴史を持ちながら一時期は低迷していたが、惜しみない設備投資で醸造環境を整えることで品質を向上させ、経営を立て直した。

ロスチャイルド家による ラフィットの立て直し

フィロキセラの被害や戦争不況などで苦しい時代もあったが、オーナーが金融界のドンであるロスチャイルド家だったため、乗り越えることができた。

変えた２大造り手

ROBERT MONDAVI

カリフォルニアワインの価値を上げた ロバート・モンダヴィ

カリフォルニアワインの父
ロバート・モンダヴィ
バロン・フィリップ・ド・ロスチャイルド
コラボしよっ
シャトー・ムートン・ロスチャイルド
オギャ
お父さーん
オーパスワン誕生
フレンチオークの小樽での熟成
CHANGE
巨大なアメリカ杉の樽で熟成

カリフォルニアのナパ・ヴァレーを中心に革新的なワイン造りを行い、新たなワイン文化を創出。「カリフォルニアワインの父」と呼ばれます。

ワインビジネスを

ANGELO GAJA

イタリアにフランス品種を植える！
アンジェロ・ガヤ

えーい フランスの ぶどうに 植えかえちゃえ
ダルマジ
（なんて 残念な ことを！）
父
イイネそれ ワイン名に しちゃお☆
マジ残念の意
DARMAGI
GAJA
DARMAGI

フランス産のぶどうを使用するなど斬新な手法を取り入れ「イタリアの異端児」「イタリアの帝王」などの異名を持つ、イタリアワイン界の巨匠です。

売れるワインのからくり⑬

“自然派”ワインが今のトレンド

手間やコストが商品の魅力になる

自然派ワインの種類

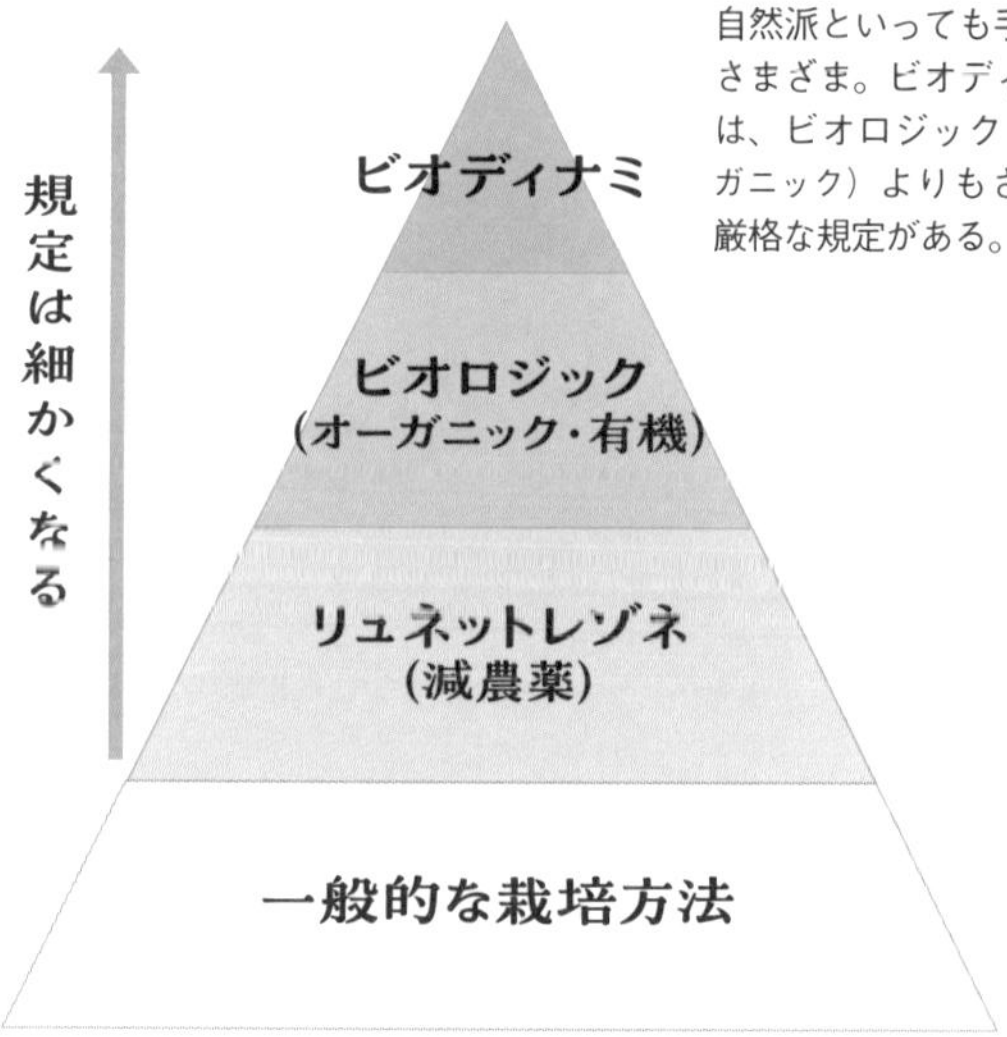

自然派といっても手法はさまざま。ビオディナミは、ビオロジック（オーガニック）よりもさらに厳格な規定がある。

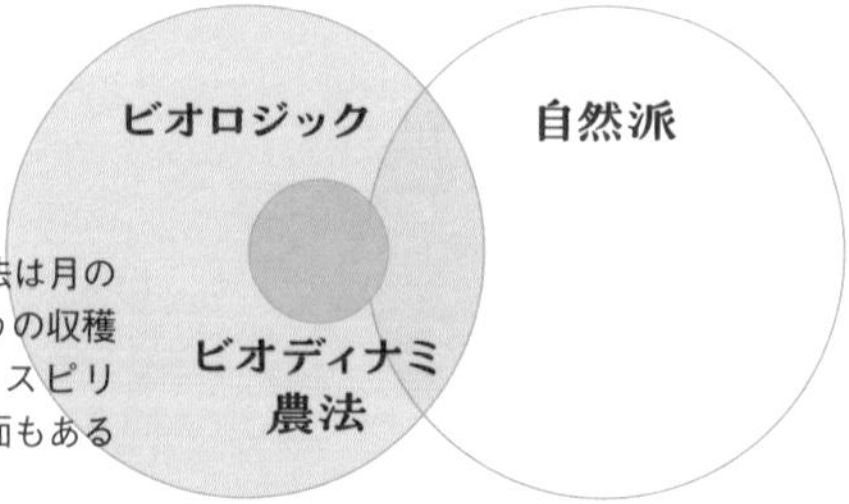

ビオディナミ農法は月の満ち欠けでぶどうの収穫を決めるなど、スピリチュアル的な側面もあるやり方。

有機栽培のぶどうを使って醸造する自然派ワインは、近年のトレンドです。人工的な手法をなるべく排し、自然に近い環境を目指すワイナリーが増えています。化学肥料や農薬を使わないぶどう栽培は、手間もコストもかかります。しかし、消費者はそのこだわりやストーリーに魅力を感じているのです。

自然派ワインのいろいろ

❶ビオディナミ農法

化学的なものを使用しない ビオカレンダーを用いている

自然派農法の中でも厳格で、化学肥料を一切使わない。また、自然界のパワーを取り入れてぶどうの生命力を高めるため、月の満ち欠けなど天体の動きで収穫や瓶詰めのスケジュールを決めるといった、スピリチュアル的な要素もある。

❷ビオロジック農法

自然に近い状態での栽培を目指し、化学的な肥料や除草剤、殺虫剤を使わない有機農法。ビオロジックで造るワインはビオワインと呼ばれる。EUの規定では、有機農法に転換してから3年以上経過しないとビオロジックの表示は認められない。

オーガニックは英語で ビオロジックはフランス語

ビオロジック（略してビオと呼ばれることもある）は英語のオーガニック、日本語の有機栽培と同じようなもの。

日本の法律と自然派ワイン

ヨーロッパでは、オーガニックワインやビオワインと名乗るための厳しい規定があります。一方日本では、人工着色料を使用していると思われるものでも「無添加」「有機栽培」と表示していたり、輸入ぶどうを使用していても国産ワインと謳えたり、と基準があいまいでしたが、2018年10月からようやく表示基準が厳格化されました。

自然派にこだわる生産者

ロワールの異端児

ディディエ・ダグノー

耕作も
馬で行うほど

天才醸造家として名高いダグノーは、1993年と早い段階からビオディナミ製法を取り入れた。独自の手法と確かな醸造技術と知識に裏打ちされたワインは、世界中に熱狂的なファンを生んだが、2008年、52歳の若さで飛行機事故で急死してしまう。

酸化防止剤も
使わない

ワインの発酵が進みすぎても
それが「自然」と貫く

オリヴィエ・クザン

ダグノーと同じフランスロワール地区で、化学品を一切使用しないワイン造りを行う。畑を耕すのも、ワインを運搬するのも馬という完全自然派で、酸化防止剤も不使用のため、瓶内で発酵が進んで泡が見られることもある。

モンラッシェを手がけ、
ビオディナミ農法にこだわる

アンヌ・クロード・ルフレーヴ女史

清らかな
味わいを再現

最高級白ワインを手掛けるモンラッシェの3代目当主。1997年からすべての畑でビオディナミ農法を導入し、シャルドネの最高峰と称される透明感のあるピュアな味わいを実現。300年の歴史を持つ名門ドメーヌをさらに躍進させた。

機械化と人間の揺れとワイン

制御できない揺れにワインの魅力がある

科学分野の技術革新は、ワインの世界にも機械化をもたらしました。

近年では、ヴィンテージごとのぶどうの違い、ブレンドの配合、熟成の具合など、あらゆることを数値化して調整することが可能になっています。

醸造家の経験と勘を頼りに調整をしていた時代に比べ、コンピュータでデータを管理をすることで品質を一定に保つことが容易になり、安定的な大量生産ができるようになっているのです。

ですが、均一化がワインの価値を高めるかというと、一概にそうともいえません。畑によって、ヴィンテージによって差が出るからこそ面白みがあり、高額を出して飲んでみたいという熱狂が生まれます。ワインの魅力は、揺れにあるのです。

そのため、品質にこだわる大手や、資金力のあるワイナリーの中には、機械を使わずあえて手摘みでぶどうを収穫し、人の目でひと粒ひと粒チェックしているところも珍しくありません。

ワイン造りもガラパゴス ていねいすぎるほどていねいな日本

日本の風土に合ったワイン造りを研究

日本で本格的なワイン造りが始まったのは明治時代に入ってからのこと。日本初の民間ワイン醸造所が開設されたのは1877年、勝沼の地でした。

文明開化で西洋文化が広がりますが、ワインは一般庶民にまではなかなか浸透せず、広く親しまれるようになったのは近年のことです。

また、ヨーロッパとは気候も風土も大きく違うため、ぶどうの栽培や醸造そのものにも苦労を重ねます。それでも、日本の環境に合わせたぶどうの開発や醸造法、日本食と相性のよい味わいを研究して地道に品質を向上させていき、現在では世界的な高評価を獲得するまでに成長しました。

日本のワイン造りの特徴は、何と言ってもその丁寧さにあります。山が多く、広い畑での大量生産は厳しい分、湿気からぶどうを守るため袋がけをするなど、少量生産で非常にきめ細やか。こうした生真面目さが、日本ワインの個性となっています。

Part 4

ワインにまつわる数字と謎

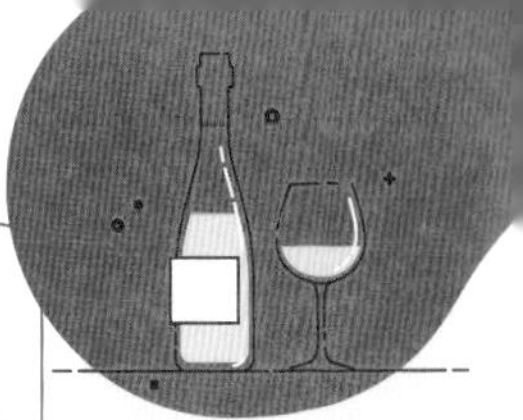

ワインにまつわる数字と謎①

日本人のワイン消費は年間にたった４本

日本のワイン市場はまだまだ拡大の余地あり

日本のワイン消費量は、10年前と比べると約1.3倍に、40年間では約8倍に拡大しました。

とはいえ、1人当たりの年間消費量は3.5ℓ（ボトル4本分）で、トップのポルトガルの18分の1にとどまっています（ＯＩＶ国際ぶどう・ぶどう酒機構による調査結果）。まだまだ拡大のポテンシャルを秘めた市

ポルトガルは日本の18倍

ＯＩＶの調査によればポルトガル人は年間約90本のワインを消費。日本は約3.5本なのでなんと18倍！

缶ワイン、スクリューキャップなど気軽に飲めるものも

これまでワインに親しんでこなかった層や若い世代のワイン消費を拡大しようと、気軽さを打ち出すものが増加。

女性層に低カロリーワインが人気

健康志向の高まりを受け、低アルコールやノンアルコールワインの需要が拡大。技術の進歩で通常のワイン同様おいしくなった。

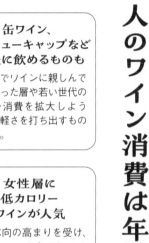

世界では スパークリングや ロゼが人気

ポリフェノール効果ゆえか、日本では赤ワインが人気だが、世界ではロゼやスパークリングの人気が上昇。

アメリカ人は 4人に1人ワイン に氷を入れる

アメリカ人を対象とした調査で、4人に1人がワインに角氷を入れて飲んでいると回答したという。

フランスの 赤ワイン消費は ここ10年で下降

フランスの赤ワイン消費量は2011年から2021年の10年間で32％も減少した。反対にビールの消費量は増加している。

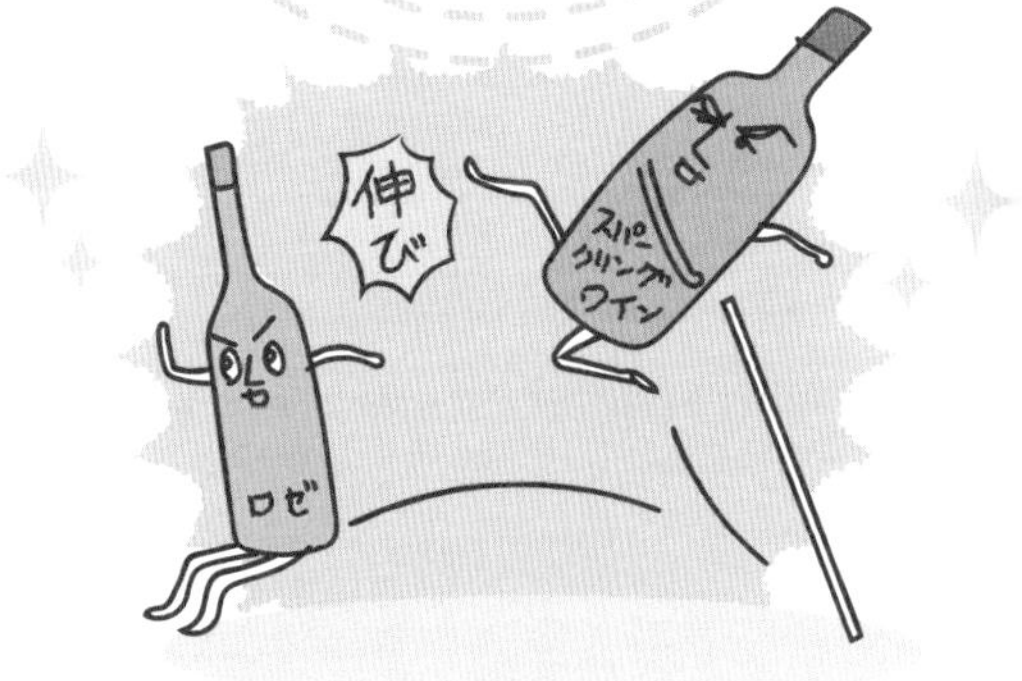

場だといえるでしょう。

世界を見渡すと、アメリカや中国などのワイン新興国では消費量は増加していますが、フランスやイタリアなどの伝統国ではやや減少傾向にあります。

たとえば、今はフランスやイタリアは1人当たりの消費量が年間60本前後だが、以前は100本以上飲んでいたので、消費量はかなり減ってきているのです(仕事中も昼から飲酒は当たり前でした)。

ビールを飲む人が増えたことや、若者を中心にアルコール離れが広まっているのが要因と考えられます。

カンタンワイン講座 6 産地

ワイン生産地

①イタリア ②フランス
③スペイン ④アメリカ
⑤中国 ⑥オーストラリア
⑦南アメリカ ⑧チリ
⑨アルゼンチン ⑩ドイツ

ワイン輸出量

①イタリア ②スペイン
③フランス ④チリ
⑤オーストラリア

アメリカ合衆国

ワイン生産はカリフォルニアが中心。ナパの高級ワインはカルトワインブームを引き起こした。

ニュージーランド

ソーヴィニヨン・ブランの一大産地として有名。赤ワインのピノ・ノワールでも注目されている。

―南米―

チリ

輸出用に大量生産している。安くておいしいチリワインは世界で重宝されている。

アルゼンチン

輸出用ワインを大量生産。安くておいしいワインとして世界で重宝されている。

フランス、イタリア、スペインが生産量トップ

ワインは世界各国で生産されています。フランス、イタリア、スペイン、ドイツなど、長い伝統を誇るヨーロッパ諸国はもちろん、アメリカ、チリ、オーストラリアなどのいわゆる「新世界」での生産も年々拡大しています。

生産量がとくに多いのはイタリア、スペイン、フランスの3国。ここ数年は僅差でイタリアのトップが続いています。輸出のトップ3もこの3国で、チリ、オーストラリアが続きます。

―ヨーロッパ―

フランス

ボルドー、ブルゴーニュ、ロワールなどの銘醸地を多数擁するワイン大国。

イタリア

フランスに並ぶワイン大国。ピエモンテ州は高級ワインで名を馳せている。

スペイン

生産量、輸出量ともにトップクラス。カヴァやシェリーの産地として知られる。

ドイツ

冷涼な気候から、白ぶどうリースリング種で造る辛口白ワインの生産が主力。

その他

ポートワインの産地ポルトガルや、ワイン発祥の地ジョージアなどが有名。

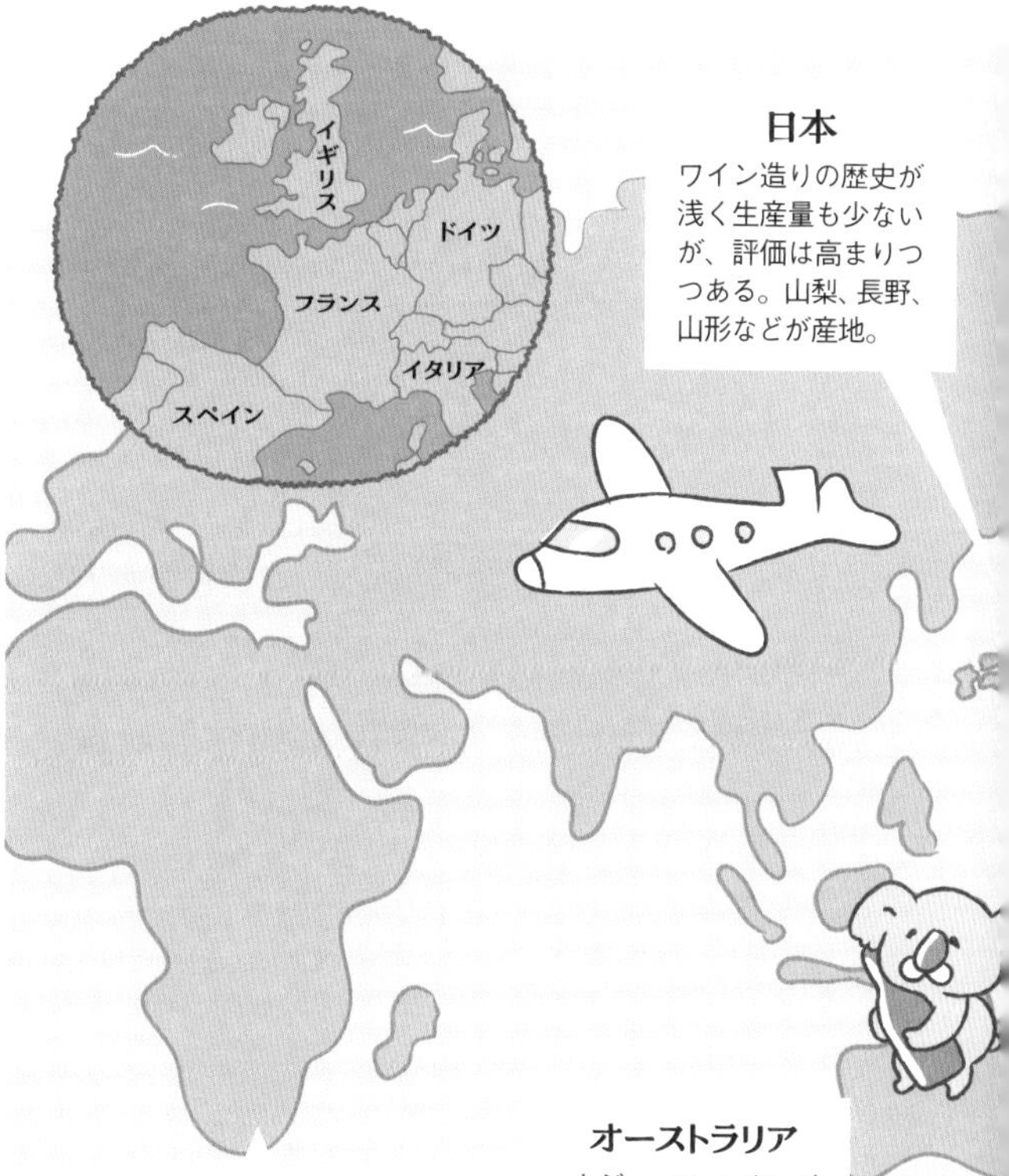

日本

ワイン造りの歴史が浅く生産量も少ないが、評価は高まりつつある。山梨、長野、山形などが産地。

南アフリカ

ピノ・タージュやシュナン・ブランが主力品種。人権と環境に配慮したワイン造りを行っている。

オーストラリア

カジュアルワインが世界で人気を博しており、輸出量も多い。シラーズ種を使った赤ワインが中心。

気候や地形、土壌によって栽培に適したぶどう品種や、消費者の好みの違いから、ワインの特徴も国ごとにさまざまです。

フランスは、伝統を大切にして厳格な基準に則ったワイン造りを行い、イタリアは地元産のぶどうを使い郷土料理に合わせたワイン造りを行っています。

アメリカはナパの高級ワインで有名で、チリでは価格を抑えた大衆向けワインが多く造られています。

ちなみに、日本でもワイン生産量は徐々に増えてきており、ワイナリーの数も450以上あります。

ワインにまつわる数字と謎②

ワインの価格の決まり方

一般のワインの価格内訳（比率はワインにより異なる）

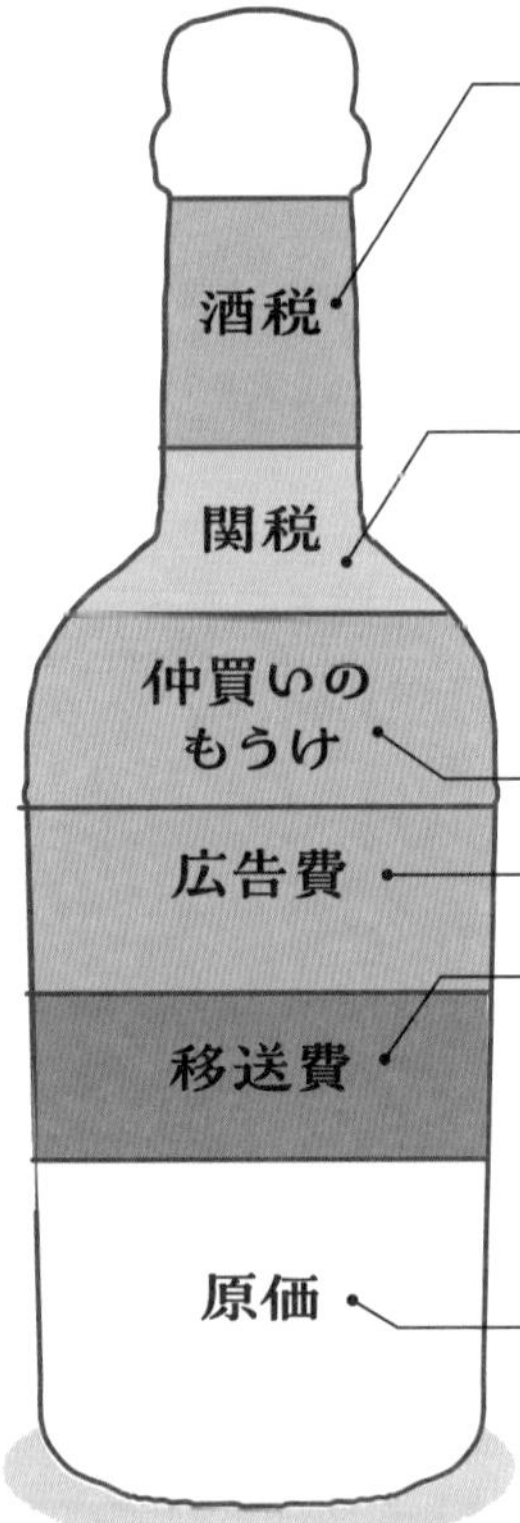

酒税

日本酒と同じ「醸造酒類」に分類されるワインの税額は750㎖当たり75円。

関税

EU、チリ、オーストラリアなどは関税がゼロ。国別に取り決められている。

仲買いのもうけ

広告費

移送費

ワイナリーから市場に届くまでに陸路、海路、航路での輸送にかかるコスト。

原価

原料であるぶどうの栽培・購入や醸造にかかる費用。人件費なども含まれる。

※高級ワインについてはこの他に転売などのコストがかかる。

原価だけでなく輸送費や広告費も影響

高いぶどうを使ったワインや、機械ではなく手作業で造ったワインは、当然価格が高くなります。こうした原価だけに目がいきがちですが、輸送や宣伝などにかかるコストも、価格を左右する重要な要素です。

また、ワインは卸売り価格と市場価格が乖離しやすく、希少価値のあるものは高値で取り引きされます。

高級ワインとリーズナブルなワインの差

①広告費が異なる

原料費、醸造費だけでなく、広告費も価格に反映される。大々的に宣伝を行っているものはその分高くなりがち。プロモーション費用を抑えられるプライベートブランド商品はリーズナブルになる。

②転売に次ぐ転売で価格が上がる

1本数百万円で取り引きされる超高額のワインも、実は卸価格はそれほど高くない。人気の高いワイン、希少なワインはオークションなどで転売されるにつれ価格が跳ね上がっていく。

③熟成にかかるお金が違う

早飲みワインを除き、通常の赤ワインや白ワインは熟成が必要で、ぶどうの収穫から販売までに時間がかかる。熟成期間が長いワインほど、コストがかかるので価格は高くなる。逆に早飲みワインは安価。

④移送にお金がかかる

輸入ワインの大半は貨物船で運ばれてくる。距離や船社、シーズンによって輸送費は変動する。中にはボジョレーワインのように航空便で運ばれるものもあり、輸送コストが高くつく分、販売価格も上昇する。

欲しいっ
バサー
~ここに来るまで~
こだわりの畑で
とれたぶどう
〇年かけた
熟成
超有名〇〇氏が
作った10年に
1度の良い出来
少ないからみんなが
高くても!

コラム

ワインのボトルが750mℓなのはギリシャ戯曲が由来

2人で飲むのにちょうどよい量

古代ギリシャの戯曲に「節度を保つにはグラス3杯までだ」という一節があり、2人で3杯ずつ飲めるちょうどいい量として750mℓのボトルが一般的になったともいわれます。

ボトルの名称は、6000mℓが「マチュザレム」、3000mℓが「ジェロボアム」などサイズによって異なり、多くは聖書に登場する人物名からとられています。

形状も、なで肩のブルゴーニュ型、いかり肩のボルドー型などいくつかのタイプにわけられます。

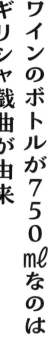

カンタンワイン講座 7 ボトル

ワインボトルサイズと名前

シャンパーニュ地方	ボルドー地方	容量
キャール (Quart)	キャール (Quart)	1/4 本分 (187ml)
ドゥミ・ブテイユ (Demi bouteille)	ドゥミ・ブテイユ (Demi bouteille)	1/2 本分 (375ml)
ブテイユ (Bouteille)	ブテイユ (Bouteille)	1 本分 (750ml)
マグナム (Magnum)	マグナム (Magnum)	2 本分 (1500ml)
ジェロボアム (Jéroboam)	ダブルマグナム (Double magnum)	4 本分 (3000ml)
レオボアム (Réhoboam)	ジェロボアム (Jéroboam)	6 本分 (4500ml)
マチュザレム (Mathusalem)	アンペリアル (Impérial)	8 本分 (6000ml)

ボトルの形

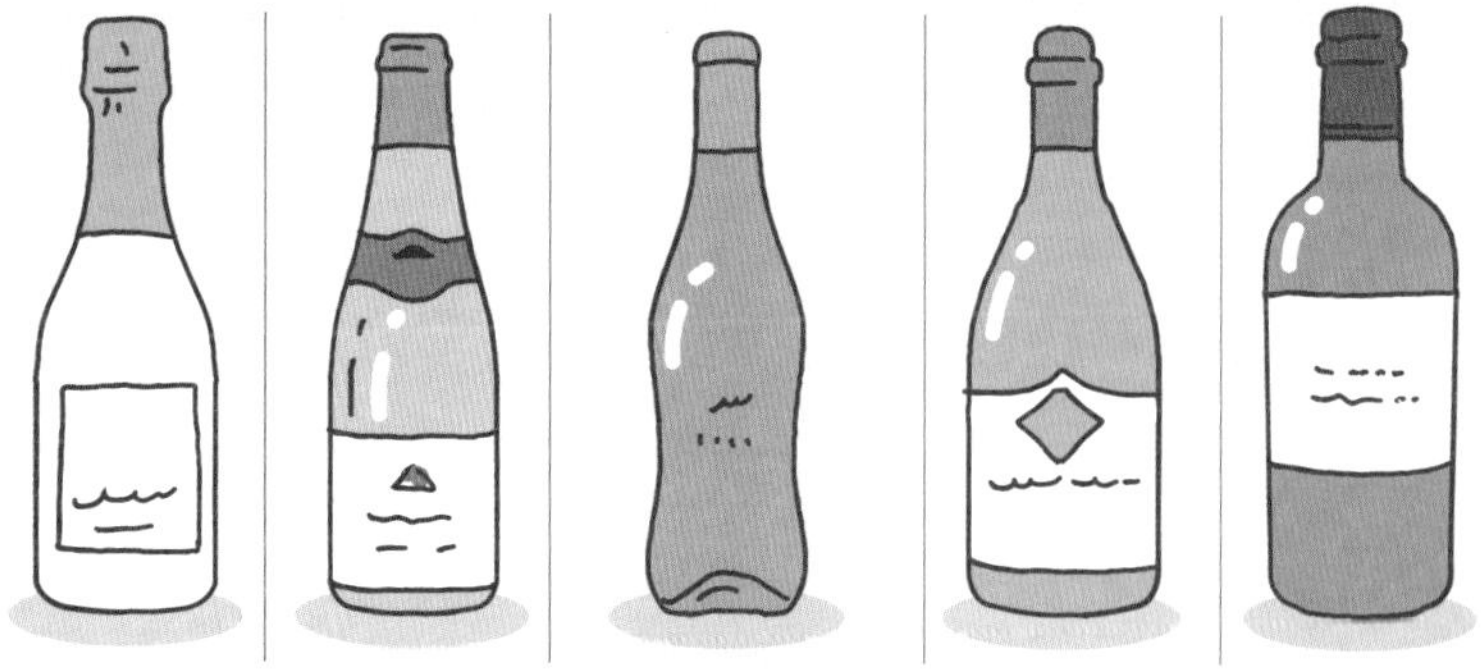

シャンパン型　アルザス型　ライン型、モーゼル型(独)プロヴァンス型(仏)　ブルゴーニュ型　ボルドー型

ワインにまつわる数字と謎③

ワインは赤・白・ロゼだけではない

赤ワインと白ワインを混ぜたものではない
白ぶどう
タンニンが少なくフレッシュ
皮や種のタンニンが豊富
ピンク
白
赤

ピンク
(ロゼ)

黒ぶどうを使い造り方はさまざま

黒ぶどうを使って造られる。醸造方法はさまざまだが、赤ワインと白ワインを混ぜるのは基本はダメ。

白

白ぶどうの果汁だけを発酵

白ぶどうを原料とし、果皮と種を除いて果汁だけを発酵させて造る。渋味が少なく、フレッシュ。

赤

黒ぶどうの種と果皮も一緒に発酵

黒ぶどうが原料。皮や種も一緒に発酵させるためタンニンが豊富で、長期熟成にも向いている。

ぶどうの品種と醸造方法が違いを生む

ワインの種類は、赤ワイン、白ワイン、ロゼの他にも、琥珀色のワインや緑ワインと呼ばれるものなどいろいろあります。

赤ワインは黒ぶどうを使い皮や種も一緒に発酵させますが、白ワインは白ぶどうを使い、果汁だけを発酵させるというように、使用するぶどうの品種と醸造方法が違いを生みます。

オレンジ色のワインだよ
若いワインって言われるよ
ヤング!!
灰色ではありません
うっかり放置されたワインが起源レアなワインよ
琥珀
緑
灰
黄

琥珀

白ぶどうの種や果皮を一緒に発酵

白ぶどうを使い赤ワインの醸造方法で造る。発祥地のジョージアではアンバーワインと呼ばれる。

緑

完熟前の若い緑のぶどうを使用

ポルトガル生まれの緑ワインは、完熟前の若いぶどうを使って造る。実際の色は緑ではない。

灰

黒ぶどうの果汁だけを発酵

黒ぶどうを使って白ワインの醸造方法で造るロゼワイン。実際の色は灰色ではなくピンク。

黄

ジュラ地方の黄金色ワイン

フランスのジュラ地方の黄色味を帯びたワイン。完熟させた白ぶどうを使い、長期熟成させる。

ワインにブランデーなどの蒸留酒を足してアルコール度数の高い酒精強化ワイン

醸造中にブランデーなどの蒸留酒を添加してアルコール度数を高めたもの。保存性が高くコクがある。シェリー、ポートワイン、マデイラなどが該当する。

二次発酵で二酸化炭素のシュワシュワが特徴のスパークリングワイン

シャンパンやカヴァなどに代表されるスパークリングワインは軽快さ、華やかさが持ち味。伝統的には瓶内で発酵させるが、炭酸ガスを後から注入するものもある。

コラム

ぶどうの作付面積から考察する世界のワイン事情

Topics

世界中で知られているのはメルロー＆シャルドネ

赤ワイン用はメルロー、白ワイン用はシャルドネが、環境条件の限定が少なく育てやすいため、広い地域で栽培されている。

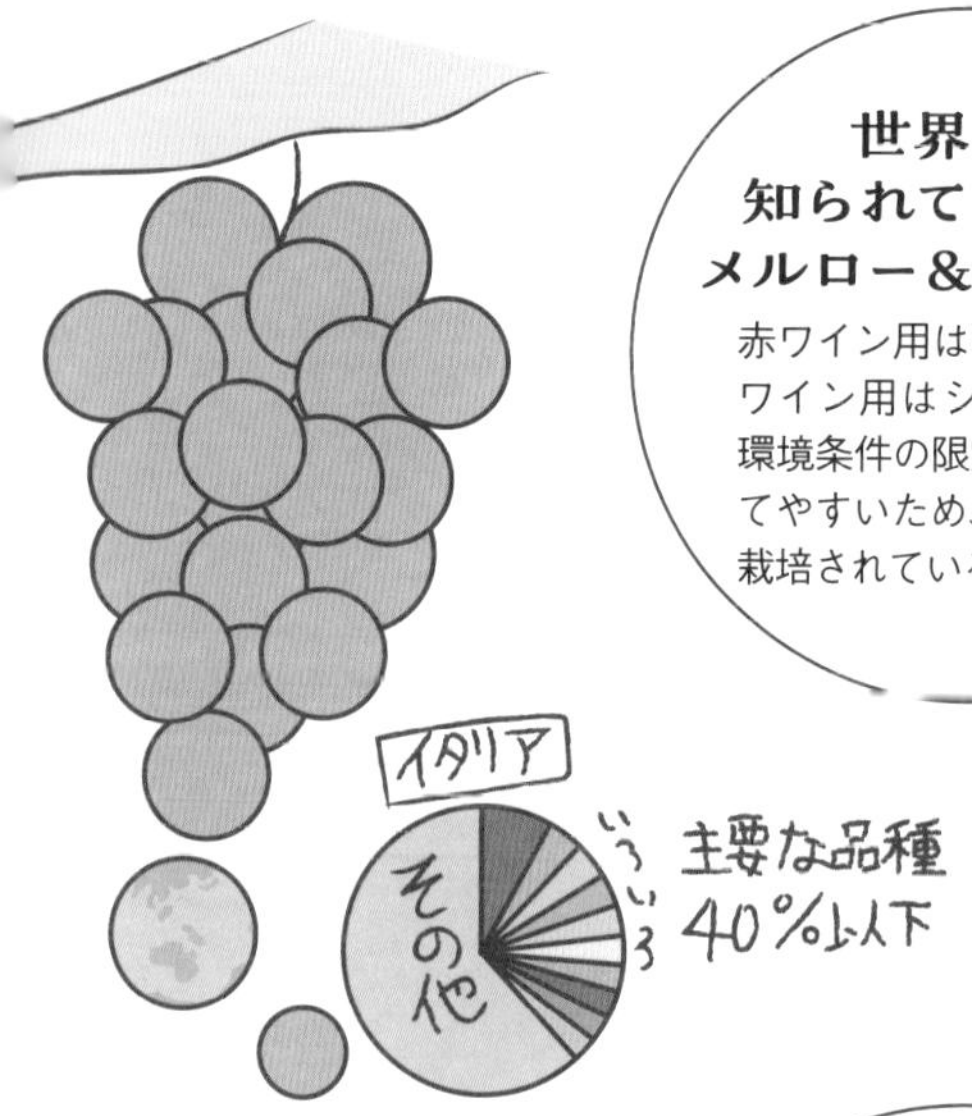

Topics

イタリアはその他の品種が60％以上

フランスでは主要品種が作付面積の約70%を占めるのに対し、約2千種ものぶどうが栽培されるイタリアでは、主要品種は40%以下。

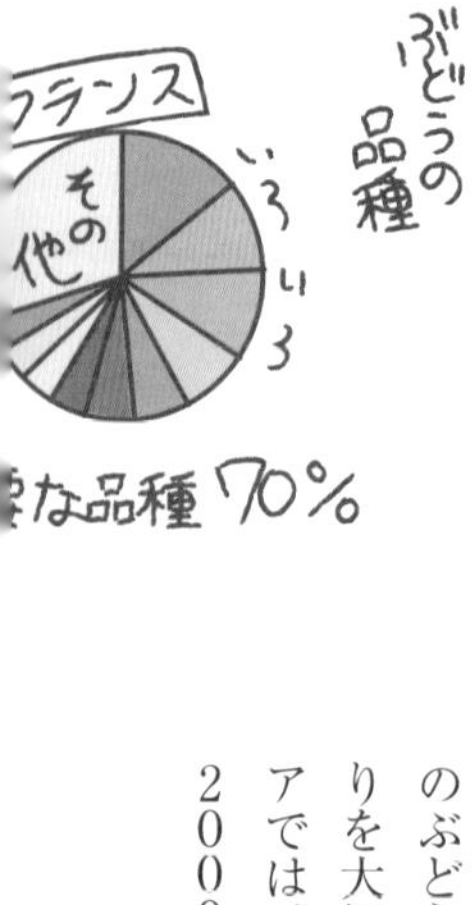

作付面積1位は実はスペイン

ぶどうの作付面積が最も多いのは、フランスでもイタリアでもなく、スペインです。広い国土と比較的温暖な気候を活かしたぶどう作りが行われています。

2大ワイン生産国のフランスとイタリアでは、スタイルが違います。

フランスで栽培されているぶどうの品種は100種程度で、そのうち主要品種が70%を占めますが、地元のぶどうを使ったワイン造りを大切にしてきたイタリアでは、ぶどうの品種が約2000種類にも及びます。

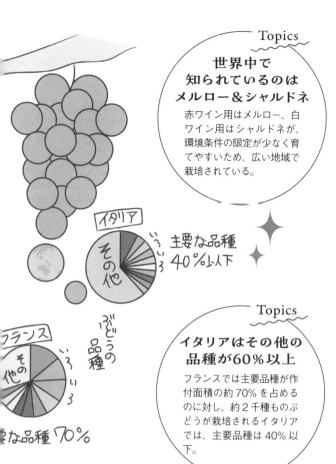

Topics

黒ぶどう＞白ぶどう

作付面積１位から10位にランクインしているぶどうのうち、黒ぶどうは７種、白ぶどうは３種。黒ぶどうのほうが多いことがわかる。

Topics

ピノ・ノワールはフランスでも9位

代表的な赤ワイン用品種だが、育てるのが難しく、条件に合う環境も限られるため、フランス国内でも作付面積は９位にとどまる。

世界で一番造られているぶどうは「巨峰」

作付面積が世界で最も多いぶどう品種は巨峰で、２位にカベルネ・ソーヴィニヨン、３位にレーズン用のサルタナが続く。巨峰は日本原産の生食用品種で、石原早生とセンテニアルを交配させ、日本の気候で育てやすい大粒ぶどうとして1942年に誕生した。

●1位●
巨峰（食用）
●2位●
カベルネ・ソーヴィニヨン（赤ワイン用）
●3位●
サルタナ（レーズン用）
●4位●
メルロー（赤ワイン用）
●5位●
テンプラニーリョ（赤ワイン用）

白ワイン用ぶどう

白ワインに使われるのは白ぶどうです。赤ワインよりも、
ぶどうの実自体の風味がダイレクトにワインの味に影響します。

シャルドネ

個性がないのが個性
産地より変わる多彩ぶり

白ワイン用ぶどうの代表格。冷涼な土地で育ったシャルドネで造ると辛口に、日射量の多い地域のシャルドネで造ったものはフルーティーでふくよかなワインになる。

ソーヴィニヨン・ブラン

フレッシュな味わいが魅力
香りのある爽やかさん

世界中で栽培されている人気の白ワイン用ぶどう。柑橘系の果物を思わせる爽やかな香りがある。カジュアルから超高級まで幅広いワインに使われている。

リースリング

貴腐ワインにも使われる
高貴で魅惑的

ドイツを中心に冷涼な地域で栽培されており、透明感のある上品な味わいが特徴。極甘口の貴腐ワインから辛口まで多彩なワインに使われている。

赤ワイン用ぶどう

赤ワインに使われるのは黒ぶどうです。タンニンの含有量が多ければリッチな味わいに、少なめならさっぱりとした味わいになります。

カベルネ・ソーヴィニヨン

リーズナブルから超高級まで
濃厚でパワフルボディが身上

赤ワイン用ぶどうの代表的品種。タンニンが豊富で、重厚な味のワインになる。ボルドーやナパの高級ワインから、安めのワインまで幅広く使われている。

ピノ・ノワール

栽培が何しろ難しい
エレガントな繊細さん

ブルゴーニュ原産で、限られた環境下でしか栽培できない。ブレンドに使われることはまれで、基本的に単一で使用される。果実味あふれ、酸味のあるさっぱりとした風味が持ち味。

メルロー

世界各地の気候に順応
扱いやすさ抜群の人気者

育てやすく、気候条件にも寛容なためボルドーのほか、アメリカ、チリ、オーストラリアなど世界中で栽培されている。渋味は控えめで、まろやかな味わいになるのが特徴。

マナー違反のふるまいに注意！

×強い香水やオーデコロン

香りの強い香水やオーデコロンは、繊細なワインの香りを台無しにしてしまうので避ける。

×セレクトで我を張る

自分の好みだけで選ぶのではなく、テーブルを囲む皆に好みを聞き、料理の内容も考慮してセレクトする。

×テイスティングで文句を言いまくる

テイスティングの目的は品質のチェック。味や香りが好みでないからと文句をつけるのはNG。

×飲めないのにおかわりをする

注がれたワインを残すのはマナー違反。もう飲めないときは、グラスを手で覆う仕草で断って。

最低限のマナーを守り楽しく飲もう

お酒は楽しく飲むのが第一ですが、ビジネスシーンやフォーマルな席では最低限のマナーを守る必要があります。乾杯の仕方、グラスの持ち方などを押さえておきましょう。

ワインの風味は非常に繊細です。少しずつグラスに注ぎ、ゆっくりと味わうようにします。ガブガブと飲み干すような飲み方は、ワインには合いません。

ホスト側ならば、ゲストの好みやペースに合わせながら飲むことも大切です。

ワインの飲み方の基本

注ぐ量は半分くらい

グラスの半分以下が適量。なみなみと注ぐとワインを回せなくなってしまう。

グラスは脚を持つ

指紋でグラスが汚れるのを防ぐため、ボウル部分は持たず、脚を持つようにする。

乾杯のときにグラスは当てない

ワイングラスは繊細なので割れてしまうことも。目の高さまで持ち上げるだけが正解。

ゆっくり味わう

ビールのようにガブガブ飲まず、数回グラスを回して香りを楽しみながらゆっくり味わう。

むやみに注がない

ワインは少しずつ飲むものなので、次々に注ぎ足さず、ほどよいタイミングで注ぐようにする。

随時グラスは拭き取る

グラスの飲み口が汚れたらナプキンで拭き取る。女性は口紅をつけないように気をつけて。

おわりに

私は今カリブ海に面するメキシコの避暑地トゥルムに居を構えています。人口2万人にも満たない小さな街ですが、スーパーには大きなワイン売り場があり、安価なワインからペトリュスまで世界中のさまざまな銘柄が販売されています。テイスティングブースや自動ワインサーバーも設置され、連日現地の人々を含め多くの客でにぎわいます。ぶどうをつぶし発酵させただけのワインが、今なおマヤ文明が色濃く残るこの土地で、深く浸透していることに小さな衝撃を受けます。

昨今若者のワイン離れが危惧されていますが、ここトゥルムに来て、ワインは場所を変え、人を変え受け継がれていくのだと安心しました。

さて今回監修を務めるにあたり古い書物から最新のワイン情報まで経済誌、歴史書、ファッション雑誌などさまざまな資料を読み返しました。そしてふとフランスでのワイン留学を思い出しました。

ワインの勉強は産地とぶどうを覚え、テイスティングスキルを磨くことだと安易な気持ちで臨んだワイン留学でしたが、実際にはとても厳しくあらゆる学問を学ぶ

ことなりました。味を表現するための語学力や表現力はもちろん、繊細な味と香りを利き分けるため常にベストな体調でいることを要求されました。

ワイン醸造のための化学、農学、栄養学、ワインビジネスのための経済、投資、政治、外交、貿易、法律、ワイン産地の地理、歴史、文化、人類学、そして社交やマナーまで幅広く包括的に学びました。

本書はこうしたさまざまな分野から見たワインをわかりやすく完結に、そしてユーモアを交えて読者を飽きさせない構成に仕上がっています。私のワイン留学中にこの本があればとても助かったと思います。

ワインの面白さを再認識したこの機会に感謝するとともに、構成を担当された矢作美和さんと大坪美輝さん、そしてイラストを担当された藤井昌子さんとのご縁に改めてお礼を申し上げたいと思います。

２０２４年吉日　渡辺順子

監修　渡辺　順子（わたなべ・じゅんこ）

渡辺 順子（わたなべ・じゅんこ）
ワインスペシャリスト。1990年代に渡米。フランスへのワイン留学を経て、2001年大手オークションハウス「クリスティーズ」のワイン部門に入社。同社初のアジア人ワインスペシャリストとして活躍する。09年に退社し、プレミアムワイン株式会社を設立。ワイン普及の活動を続けている。現在はメキシコ在住。著書に、『世界のビジネスエリートが身につける教養としてのワイン』『高いワイン』（ダイヤモンド社）、『日本のロマネ・コンティはなぜ「まずい」のか』（幻冬舎ルネッサンス新書）、『語れるワイン』（日本経済新聞出版）等

サクッとわかる ビジネス教養　ワインの経済学

2024年3月15日　初版発行

監修者　渡辺 順子
発行者　富永 靖弘
印刷所　公和印刷株式会社

発行所　東京都台東区台東2丁目24　株式会社 新星出版社
〒110-0016　☎03(3831)0743

ISBN978-4-405-12029-7